KB252323

9
악마의 소스
요리스타 청

요리스타 청❾

1판 1쇄 발행 | 2017. 2. 23.
1판 5쇄 발행 | 2023. 12. 5.

조재호 글 | 은하수 그림 | 요리조리스쿨 기획 | 정혜정 요리 감수

발행처 김영사 | **발행인 고세규**
편집 김선민
등록번호 제 406-2003-036호 | 등록일자 1979. 5. 17.
주소 경기도 파주시 문발로 197(우10881)
전화 마케팅부 031-955-3100 | 편집부 031-955-3113~20 | 팩스 031-955-3111

값은 표지에 있습니다.
ISBN 978-89-349-7706-3   17590
ISBN 978-89-349-6526-8   (세트)

좋은 독자가 좋은 책을 만듭니다. 김영사는 독자 여러분의 의견에 항상 귀 기울이고 있습니다.
전자우편 book@gimmyoung.com | 홈페이지 www.gimmyoungjr.com

어린이제품 안전특별법에 의한 표시사항

제품명 도서 제조년월일 2023년 12월 5일 제조사명 김영사 주소 10881 경기도 파주시 문발로 197
전화번호 031-955-3100 제조국명 대한민국 ⚠주의 책 모서리에 찍히거나 책장에 베이지 않게 조심하세요.

9
악마의 소스
요리스타 청★
조재호 글 | 은하수 그림
요리조리스쿨 기획
정혜정 요리 감수
주니어김영사

신나고 바른 식문화를 위해

안녕하세요, 독자 여러분? 《요리스타 청》의 스토리를 맡고 있는 만화가 조재호와 그림을 그리고 있는 만화가 은하수입니다.

저희는 함께 만화를 그리고 있는 동료인 동시에 두 아이를 키우고 있는 부부이기도 합니다. 저희 아이들도 《요리스타 청》을 보고 있는 여러분과 비슷한 또래들이에요. 아이들을 키우면서 가장 신경 쓰이는 것 중 하나가 바로 음식입니다. 음식은 아이들의 건강과 성장에 직결되기 때문입니다. 게다가 최근 유전자 조작 식품이다, 방사능 해산물이다 해서 식재료에 대한 흉흉한 이야기들이 워낙 많다 보니 부모로서 관심이 갈 수밖에 없지요. 되도록이면 믿을 수 있는 재료를 직접 골라 집에서 제대로 만든 음식만 먹이고 싶지만 그게 생각처럼 쉬운 일은 아닙니다. 각종 패스트푸드와 인스턴트식품 광고를 보고 있노라면 어른들도 그 달콤한 유혹을 이겨 내기 힘든데 아이들은 오죽하겠어요? 그래서 저희는 음식에 대해 본격적으로 알아보기로 결심했습니다. 인스턴트식품이 왜 나쁜지, 꼭 먹어야 한다면 슬기롭게 먹는 방법은 무엇이 있는지 공부했습니다. 또한 아이들의 건강은 물론, 입맛까지 챙겨 줄 수 있는 좋은 먹거리와 바른 조리법에 대해서도 고민했

습니다. 이러한 노력의 결과를 독자 여러분과 나누어야겠다는 결심에서 시작하게 된 만화가 바로 《요리스타 청》입니다.

저희 부부는 예전에 요리 학원을 잠깐 다닌 적이 있지만 그것만으로는 요리 만화를 그리는 데 부족함이 많았습니다. 이를 극복하기 위해 시중에 나온 요리 관련 서적들을 열심히 본 것은 물론이거니와 평소에 안 먹던 음식들도 열심히 먹어 보았습니다. 여러 전문가들의 도움도 받았지요. 동아사이언스의 과학 전문 기자들과 요리와 관련된 과학 지식들을 익히기도 했고, 요리 학교의 선생님들로부터 조언도 구했습니다. 또한 실제로 요리를 익히는 학생들의 모습을 담아내기 위해 요리 학교 학생들을 인터뷰하고, 학생들이 실습하는 모습도 스케치했습니다.

《요리스타 청》은 독자 여러분에게 단순히 '음식은 무조건 골고루 먹어야 하고, 불량식품은 절대 먹어선 안 돼!'라고 강요하는 만화가 아닙니다. 주인공 청이와 함께 멋진 요리들을 감상하다 보면 음식이 왜 소중한지, 우리는 어떤 음식을 어떻게 먹고 살아야 하는지 자연스럽게 깨닫게 될 거예요.

만화가 조재호 · 은하수

몸과 마음을 예쁘게 성장시켜 주는 책

안녕하세요?《요리스타 청》의 요리 교실을 맡고 있는 정혜정입니다.

저는 전주에 있는 국제한식조리학교에서 학생들에게 요리를 가르치고 있는 선생님입니다. 《요리스타 청》의 독자 여러분에게도 맛있는 요리 비법을 하나씩 소개해 주려고 해요. 주방장이 될 것도 아닌데 요리를 배워서 뭐하느냐고요? 여러분은 가족이나 친구들과 맛있는 음식을 먹으면 어떤 기분이 드세요? 신나고 행복하지 않나요? 그래요. 맛있는 음식은 사람들을 행복하게 만든답니다. 여러분도 정성이 깃든 맛있는 요리를 통해 주위 사람들을 기쁘게 해 주는 건 어떨까요? 요리는 여러분을 인기 있는 멋쟁이로 만들어 줄 수 있어요.

요리에는 놀라운 힘이 또 하나 있어요. 요리를 하다 보면 성장기에 있는 여러분의 두뇌가 쑥쑥 성장한다는 사실, 알고 있나요? 요리를 만들기 위해 밀가루를 반죽하고, 예쁘게 재료를 다듬고, 냄새를 맡는 활동 자체가 여러분의 감성과 집중력, 지성 등을 길러 주는 훈련이랍니다. 뿐만 아니라 물을 끓이고, 재료를 익히는 등의 과정을 통해 요리에 숨어 있는 물리, 화학, 생물, 의학 등 각종 과학 지식을 자연스럽게 몸에 익힐 수도 있어요.

　친구들은 오늘 어떤 음식을 먹었나요? 김치와 된장찌개? 샌드위치나 피자? 혹시 먹기 싫다고 투정 부리지는 않았나요? 우리가 먹는 모든 음식에는 인류의 역사가 담겨 있다고 해도 과언이 아니에요. 우리 조상들이 농사 짓고 사냥해서 어렵게 얻은 식재료들을 어떻게 하면 좀 더 맛있고 영양가 있게 먹을 수 있을까 연구하고 고민한 끝에 만들어진 결과물이 오늘날 우리가 먹는 음식들인 거예요. 오늘 저녁에는 밥상에 있는 음식들을 보면서 그 안에 깃들어 있는 전통 문화와 조상들의 지혜를 느끼려고 노력해 보세요. 평소 아무렇지도 않게 생각하던 음식들이 한결 맛있게 느껴질 거예요.

　어린이들이 건강하고 바르게 성장하는 데 가장 중요한 건 바로 음식이에요. 그런 의미에서 저는 여러분께 《요리스타 청》을 추천합니다. 이 만화는 단순히 요리와 관련된 지식만을 알려 주거나, 불량 식품은 몸에 해로우니 먹지 말라고 훈계하는 만화가 아니에요. 우리가 올바르게 성장하기 위해서는 어떤 음식을 먹어야 하며, 그러한 음식들이 얼마나 소중한 것인지 일깨워 주는 만화랍니다. 《요리스타 청》을 읽으면 만화에 나오는 주인공들처럼 몸도 마음도 예쁘고 멋있게 성장할 거예요.

정혜정(국제한식조리학교 교장)

조선 시대 궁궐에서 일하는 생각시. 뜻하지 않은 사고로 인해 현대 세계로 넘어오게 됐다. 국제조리영재학교의 대표가 되어 요리스타 세계 대회에 도전한다.

특징 : 냄새만 맡아도 재료를 알아맞힐 수 있는 절대 후각

국제조리영재학교의 대표 꽃미남. 한정식 식당 수라간의 손자답게 요리 실력이 뛰어나고 외모도 범상치 않아 'A클래스'로 통한다. 학교에서는 의젓한 인기남이지만 청이 앞에서는 개구쟁이 도련님으로 돌변한다.

특징 : 잘생긴 외모와 뛰어난 요리 실력

에드워드

프랑스에서 온 천재 소년. 청이에게 한눈에 반해 사랑을 고백하지만 늘 거절당한다. 겉으로는 순진해 보이지만 사실 엄청난 비밀을 숨기고 있다.

특징 : 무슨 말이든 '～냐'로 끝나는 특이한 말투

알프레도

50년 전 이말녀 여사의 첫사랑. 자신이 이탈리아의 천재 과학자이자 예술가인 레오나르도 다 빈치라고 주장하지만, 아무도 믿어 주지 않는다.

특징 : 과거와 미래를 오가는 시간 여행자

韓食

차 례

제1화
세종대왕님의
생일상

그렇다면….
꽃 도련님과 채민 언니가 악마의 소스를 갖고 있다는 얘기인데?

이놈 말을 믿느냐?
예?

감히 나를 속여? 이런 우라늄!
뻥
내 집에서 썩 꺼져!

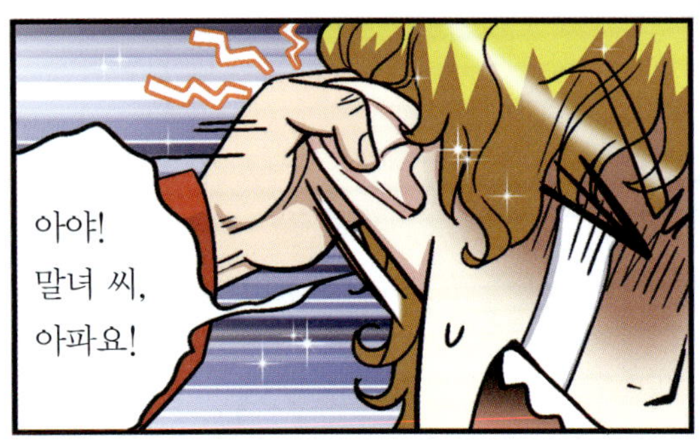

아야! 말녀 씨, 아파요!

흑흑, 용서한 게 아니었어요?
난 클레오 파트라다!
용서는 무슨! 네 놈이 레오나르도 다 빈치면!
안 가?
왕소금
너무해! 전 잘 곳도 없다고요~!
다 다 다
그건 네 사정 이지!
할머니 화가 많이 나셨구나….

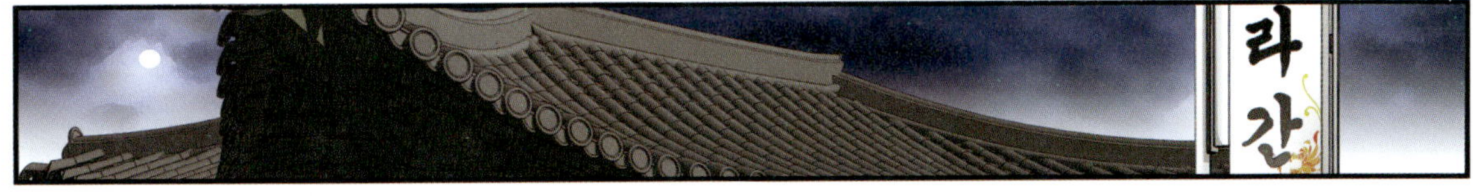
에잇, 고얀 놈! 저놈 말 귀담아 듣지 마라.
예, 할머니.
탁 탁
라
간

흑흑, 춥고 배고파….

따르릉

청아, 어서 일어나거라!
아직 묘시 (아침 5~7시)도 안 되었는데 무슨 일이신지요?

오늘이 마마님의 탄신일이니라. 서두르거라.
네에? 마마님 탄신일이오?

스승님도, 참! 진작에 말씀해 주시지요!
벌떡
짝

어떻게 해야 할깝쇼? 소인이 밖에 나가서
황소라도 한 마리 잡아올깝쇼?
됐다. 재료 준비는 내가 어젯밤에 모두 끝내 놨다.

탁 탁..

조 물
조 물

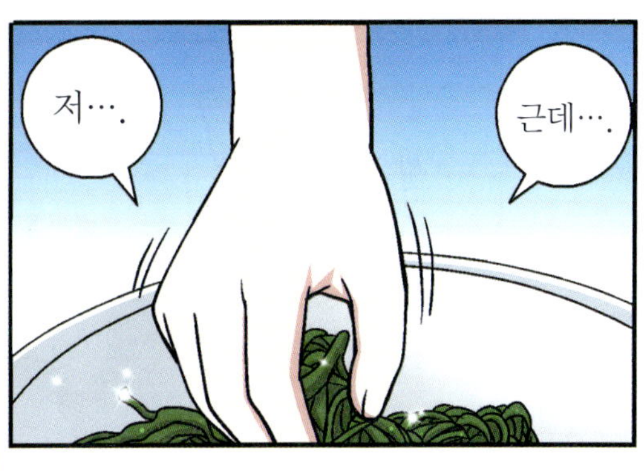

저….
근데….

청아, 왜 그러느냐?
스승님, 뭔가 이상하옵니다.

지금 만드는 음식은 도라지 무침과 무생채,
조기 구이와 산적이 전부입니다.
청이는 무엇을 기대했느냐?
임금님 밥상이라면 상다리가 부러지게 차려야 하는 게 아닌지요?

그래서?
분명 임금님의 탄신일 수라상을 차리는 것인데 찬이 너무 소박하옵니다.

호호, 네가 조선 시대에서 오긴 했어도 한 번도 임금님 수라상을 본 적이 없는 게지?

맞사옵니다! 소녀가 수라간에서 막내였기 때문에 수라상 근처도 가 본 적이 없습니다.
딱 한 번 얼씬거렸다가 이렇게 현대로 쫓겨왔지요. 잘 아시면서….

그렇다면 이번 기회에 잘 알아 두어라. 청아, 임금님이라도 항상 상다리가 부러지게 드신 건 아니란다.
그러하옵니까?

조선 시대 성군은 백성 위에서 군림하며 화려하고 좋은 것만 누리는 존재가 아니었다.
오히려 무척 검소하고 절제된 생활을 하시며 근검절약의 모범을 보여 주셨다.

수라상에도 이런 정신이 잘 드러나 있단다.

임금님은 드시는 것도 절제해야 하는군요.
물론이지! 내가 그래서 세자 마마가 콜라 못 드시게 막는 것이야.

게다가 임금님의 수라상은 단순한 밥상이 아니란다.
수라상에 올라오는 모든 밥과 반찬은 조선 팔도 곳곳의 식재료로 만든단다. 온 백성이 피땀으로 마련한 소중한 음식이지.

왕에게 최고의 수라상을 바치는 것은
백성들이 편안히 잘 살 수 있게
좋은 정치를 베풀라는 뜻이었다.
평안도 곤쟁이젓
함경도 미역
개성 송이버섯
경기도 햅쌀
강원도 은어
충청도 멧돼지
경상도 김
제주도 전복

또한 수라상에 오르는 음식이 좋지
않으면 각 지역의 경제가 원활하지
않다는 의미이기 때문에….
멈칫

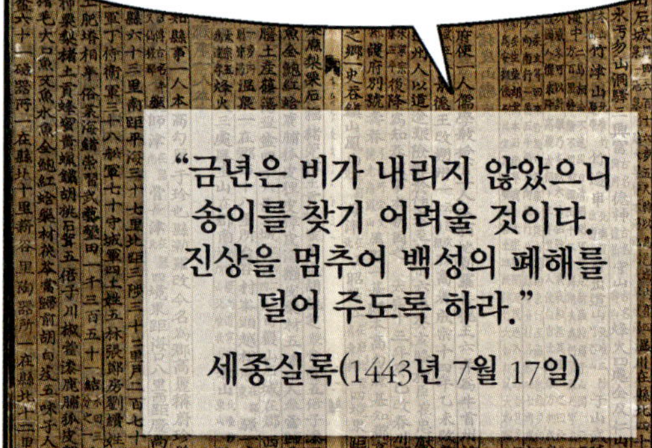

감선(반찬 수를 줄임)을 행하고
허름한 곳으로 거처를 옮겨
백성들과 고락을 함께하였다.

"금년은 비가 내리지 않았으니
송이를 찾기 어려울 것이다.
진상을 멈추어 백성의 폐해를
덜어 주도록 하라."
세종실록(1443년 7월 17일)

밥 먹을 때도
백성들을 생각해야
한다니!

훗날
왕위에 오르시면
밥도 편하게
못 드실 마마님이
안쓰럽습니다.

뿌~웅~!

에구머니나! 이게 무슨 소리냐?
천둥 소리는 아닙니다.

소녀가 나가 보겠습니다!
탁
탁

뿌오오오오오옹!

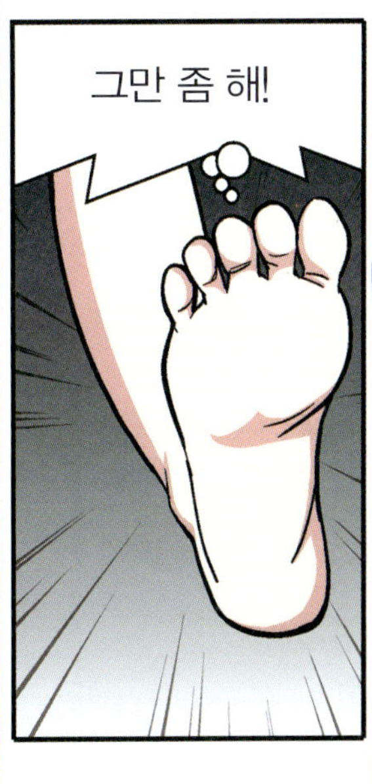

그만 좀 해!

으아아! 세종대왕님만 아니어도 확!
바들
바들

요리조리 과학스쿨

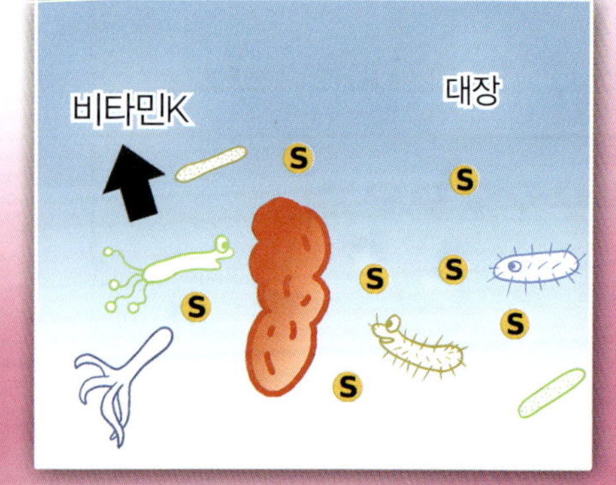

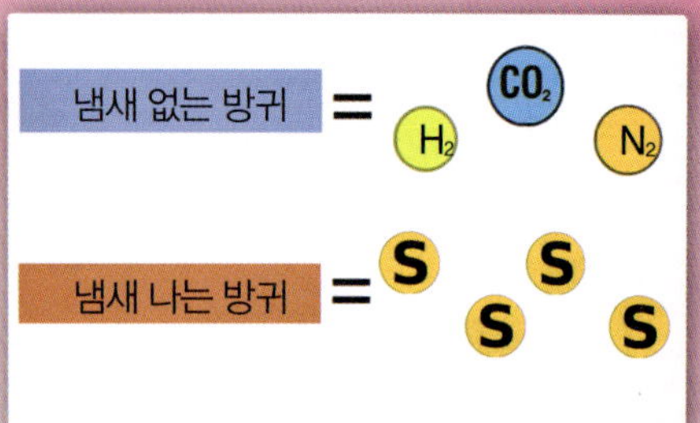

지독한 방귀 냄새의 원인은 미생물!

보통 방귀는 질소, 수소, 이산화 탄소로 이루어져 있다. 따라서 항문과 가까운 장에 대변이 없다면 방귀를 뀌어도 거의 냄새가 나지 않는다. 하지만 '뿌오옹~' 하는 소리와 함께 지독한 냄새를 풍기는 방귀도 있다. 이처럼 강하게 코를 자극하는 방귀 냄새의 원인은 장 속에 있는 미생물이다.

우리가 먹은 음식물은 위에서 한 번 소화가 된 뒤, 소장을 거쳐 대장으로 이동한다. 이 과정에서 몸에 필요한 영양분은 몸속으로 흡수되고 찌꺼기만 남아 대변이 된다.

그런데 음식물 중 일부는 제대로 소화가 되지 않은 채 대장에 남아 미생물들의 먹이가 된다. 그 결과 미생물의 활동으로 음식물은 점점 발효가 되고 황 같은 물질이 만들어진다. 이렇게 만들어진 황이 방귀에 섞여 몸 밖으로 배출되면 특유의 방귀 냄새가 나는 것이다. 따라서 황이 많이 들어 있는 달걀, 고기, 브로콜리를 먹을 경우 냄새 나는 방귀를 뀔 확률이 높아진다.

후아
후아
헉
헉
맑은 공기가 필요해!

쏙
앗!

거기 누구야?
청이옵니다. 방금 그 소리는 무엇인지요?

난 또 누구라고! 깜짝 놀랐네.
조금 전 소리는 마마님 방귀 소리야.
예?

가만….

갑자기 뭔가 떠오른다!
내가 장독을 타고 조선 시대로 가서 사고 치던 날!

크리스탈의 성

봉주르!

오늘 아침은
프랑스 전통 음식
'쁘띠 데주네'예요.

맛있게 드세요.
밥을 내 놔.

한식이 먹고
싶다니까!

푸훗~!
쓰윽

사람 식성은 쉽게 변하지 않는군요.
콩
그야 당연하지!

흐흐흐흐흐흐!
킬킬킬킬킬킬!

하지만….
이제 슬슬 적응하는 게 좋을 거예요.
세상의 모든 요리를 내가 지배하게 될 테니까!

네가 크리스탈과
한패일 줄이야.
왜 이렇게 나쁜 짓을
하는 거지?
이유쯤은 말해
줄 수 있지 않나?
에드워드!

제가 아직 악당으로
보이나요?
그럼 뭔데?

세 살 버릇이 여든까지
간다는 말이 있어요.

?

어린이일 때 올바른 식습관을 들이지 못하면 평생 고치기 어렵지요.
특히 패스트푸드가 문제예요.

패스트푸드는 간편하면서도 맛있기 때문에 아주 인기가 좋아요.

하지만 치명적인 단점이 있어요. 열량은 높지만 정작 우리 몸에 필요한 영양분은 부족해요. 게다가 지방과 염분은 지나치게 많고요.
꺼억
그러니까 패스트푸드를 많이 먹으면 비만이 될 확률이 높아지는 거예요. 게다가….

뎅~

이게 무슨 자다가 봉창 두드리는 소리야?
당장 이유부터 말하라고!

지 지 직

으아아아!
오빠가 말할 때는 가만히 있어요!
흠흠, 계속할까요? 비만이 어쩌고저쩌고…
쿵
1시간째
ㄹㄹㄹ
둥얼 둥얼

이 연사!
아니, 저는 결심했습니다!
어린이들을 패스트푸드에서 구하자!
그래서 만든 것이 바로 '악마의 소스' 입니다!

악마의 소스를 한 번만 맛보면 다른 음식은 맛이 없어서 못 먹게 되죠.
짝
짝
짝
짝
박수!

하, 하지만….
우린 패스트푸드를 만든 적도 없는데?

후훗~! 혹시 슬로푸드를 아나요?

슬로푸드는 만드는 데 시간이 오래 걸리지만 영양학적으로 우수한 식품을 말합니다. 그 대표적인 예가 바로 한식!

그러니까 네 말은 프랑스 요리와 한식이 만나면 세상에서 가장 완벽한 음식이 된다는 뜻?
맞습니다.
악마의 소스는 아직 미완성이에요. 한식의 비밀이 더해져야 완성되지요.

떽! 말도 안 되는 소리! 어떻게 사람이 365일 내내 악마의 소스만 먹냐?

짜장면도 먹고!
초밥과 만두도 먹어야지!
지, 지금 내 악마의 소스가 맛이 없다는 뜻인가요?
당연하지! 이 음식에 고춧가루 좀 팍팍 쳤으면 좋겠다!

으으으으으~!

오빠,
제발 참아요!

감히
내 음식을!

좋아요! 그렇다면
결승전에서
이기고 난 뒤!

청이를 데려와서….
흐흐흐흐~!

이 녀석! 지금
무슨 생각을
하는 거냐?

우리 청이
손끝 하나라도
건드렸다간
용서 안 해!

둘이 결혼할 거다냐~!
청이는 내 색시다냐~♥
뭐?
조선 시대에는
결혼을 일찍 했다고
들었습니다. 맞죠?
앞으로는 제가
깍듯이 장인어른으로
모시겠습니다.
꾸
벅
털썩
이건 또
무슨 소리야!

흠…. 뭔가 허전한데?

딱
아차! 쌈 채소가 빠졌구나. 청아~!
네, 텃밭에서 따 오겠습니다.

세상에! 이를 어쩐담?
상추가 죄다 시들하네….
청아, 뭐 해?

앗, 도련님!
타, 탄신? 그게 뭐지?
해맑
생일 축하드린다고요.
큰일이다. 이렇게 궁중 말을 모르셔서야….
탄신일을 경하드리옵니다.

조선 시대에는 '재를 버리는 자는 곤장 30대에 처하고, 똥을 버리는 자는 곤장 50대에 처한다'는 법도 있습니다.

요리조리 과학스쿨

두 얼굴의 천재 과학자, 프리츠 하버

19세기에는 사람들이 먹을 음식이 부족했다. 의학의 발달로 인구는 폭발적으로 늘어났지만, 산업 혁명으로 사람들이 도시로 몰려들면서 농사를 짓는 사람이 줄었기 때문이다.

독일의 화학자 프리츠 하버는 '화학이 인류를 구원할 것'이라고 주장하며, 식량 생산량을 높일 수 있는 방법을 연구했다. 그는 흙에 질소가 많을수록 농작물이 잘 자란다는 사실을 알게 됐다. 프리츠 하버는 공기 중의 질소 기체와 수소 기체만 따로 모았다. 그리고 철을 촉매로 넣은 뒤, 300기압의 고압 상태에서 500℃의 열을 가했다. 그 결과 철이 질소 분자와 수소 분자를 붙게 해 암모니아가 생겨났다. 프리츠 하버는 암모니아를 이용해 질소 비료를 만들 수 있었다. 프리츠 하버는 질소 비료를 개발해 농작물 생산량을 늘린 공로를 인정받아 노벨 화학상을 수상했다.

그러나 이후 질소 비료를 만드는 기술이 화학 무기를 만드는 데에도 사용되기 시작했다. 결국 그가 개발한 강력한 화학 무기 때문에 제1차 세계 대전과 제2차 세계 대전에서 많은 사람들이 목숨을 잃고 말았다.

프리츠 하버는 이런 이유로 아직도 많은 사람들에게 엇갈린 평가를 받고 있다.

우아~!
정말 대단하네요.

그런데 덕팔이 아저씨는 왜 저래?
아직도 앉아 계십니까?

!
왜 이제야 생각이 났지?
안 되겠다. 스승님께 빨리 알려야지!

이놈! 어디서 도둑고양이처럼 들어와서!
밥상을 넘봐? 아직 세자 마마가 숟가락을 들지도 않았는데!

철썩
배, 배가 고파서 그랬어요.
그리고 제가 흥부입니까? 왜 밥주걱으로 때리고 그래요?
날름
날름
밥풀

흥! 이렇게 된 거 왼쪽 뺨도 때려 보시지요?
뭐야?

삭
Amor mio~♡
말녀 씨, 이제 그만해요. 제 사랑은 아직 변함이 없답니다.
에구머니나, 이놈 보게.
따
지금은 비록 머리는 하얗고, 키는 작아지고, 이도 다 빠져서 틀니를 껴야 하고….
손도 발도 쪼글쪼글하고 성격도 아주 나빠졌지만 말이에요.
스승님, 스승님! 다 생각났어요!
앗, 두 분 바쁘세요?
네놈이 정말 죽고 싶은 게지?

이제 안 바쁘니 말해 봐라.
빵~
야

조선 의궤를 훔쳐간 진짜 범인을 알아요.
뭐야?

바로 에드워드입니다!

이런 우라늄 콩나물 같은 녀석아, 그게 말이 돼?
진짜예요. 제가 타임머신 타고 조선 시대에 다녀온 뒤에 건망증이 심했거든요.
오늘 갑자기 생각 났어요.

꽃 도련님이 그렇게 나쁜 사람이었다니….

오빠! 청이는 얼굴도 못생기고 성격도 아주 나쁜 애야!
난 이 결혼 반댈세!
사람을 외모로만 판단하면 못써!
이것들이 지금 뭐 하는 거야?
쾅

 정혜정 선생님의 요리 교실

한울 도련님의 생일상을 차리느라 모두가 분주하군요. 올해 생일에는 매년 먹었던 미역국 대신 미역 퓨전 요리를 맛보는 건 어때요? 청이와 한울이는 물론 알프레도 입맛에도 꼭 맞을 미역 파스타를 만들어 봐요.

미역 파스타

①

②

③

④

⑤

⑥

재료 마른 미역 5g, 바지락 100g, 파스타면 200g, 마늘 3쪽, 양파 1/2개, 슬라이스 치즈 1장, 소금, 후춧가루, 올리브유

❶ 마른 미역을 찬물에 담가 불린다.
❷ 바지락은 소금물에 담가 어두운 곳에서 해감한다.
❸ 양파와 마늘은 다지고 불린 미역은 손가락 한 마디 길이로 자른다.
❹ 파스타 면은 삶아서 올리브유와 후춧가루로 버무려 둔다.
❺ 팬에 기름을 두르고 마늘과 양파를 볶는다.
❻ 미역을 넣고 5분 이상 충분히 볶는다. 미역이 어느 정도 익었을 때 바지락과 삶아 둔 면을 넣어 볶으면 완성!

잠깐!

▶ 파스타 면은 삶은 뒤 올리브유에 버무려 두어야 달라붙지 않아요. 면을 삶았던 물도 버리지 마세요. 면을 볶다가 수분이 부족할 때 사용하면 좋답니다.

미역이 미세먼지를 없앤다?

미역은 다시마, 톳과 같이 갈조류에 속하는 해양 식물이다. 갈조류는 녹갈색 또는 황갈색을 띤 해조류로 표면이 미끈미끈한 것이 특징이다. 표면이 이처럼 매끄러운 이유는 세포벽에 알긴산이라는 물질이 들어 있기 때문이다.

알긴산은 다당류의 하나로 물에 녹지 않고 끈적끈적해서 접착제의 원료로 쓰이기도 한다. 또한 소화 효소에도 분해되지 않고 그대로 남아 있기 때문에 소화기관에 쌓여 있던 미세먼지나 중금속이 알긴산과 엉겨 몸 밖으로 나오게 된다.

미역에는 알긴산 말고도 요오드, 칼슘 등 우리 몸에 꼭 필요한 영양 성분이 포함돼 있어 어린이들이 성장하는 데 도움이 된다.

미역은 찬물에 불리자!

말린 미역은 요리를 시작하기 전에 물을 흡수시켜야 원래 모양으로 돌아오는데, 이것을 '미역을 불린다'라고 한다. 미역은 물에 불리면 부피가 엄청나게 늘어나게 된다. 50g짜리 미역 한 봉지를 불리면 20인분의 요리 재료로 사용할 수 있을 정도다. 미역을 불릴 때는 찬물에서 불리는 것이 좋다. 뜨거운 물에 넣고 불리면 미역 특유의 향과 맛이 사라지기 때문이다.

많은 양의 미역을 오랫동안 보관해야 할 경우에는 소금물에 씻은 후 살짝 뜨거운 물에 데쳐서 얼려 두는 것이 좋다. 그러면 한참 뒤에 꺼내 먹어도 본래 미역의 색과 맛을 즐길 수 있다.

제2화

조선 의궤를 훔친 진짜 범인

그러니까 10년 전….

제가 스승님께 쫓겨나서 첫 가게를 냈을 때입니다.
울라불라
Korean Restaurant
울라불라 식당
신장개업
신장개업

마침 세계 마스터 요리왕 대회가 열렸고, 저는 제 실력을 알아보기 위해서 참가했죠.

거기서 만난 친구들에게 타임머신에 대해 얘기한 적이 있어요.
뭐야? 그 중요한 비밀을!
걱정 마세요. 아무도 안 믿었으니까.

에이~! 거짓말 마.
하하하.
웃긴 녀석이네.
뻥치시네!

그런데 다들 거짓말이라고 할 때….
타임머신이라고 했나?
누, 누구시죠?

나는 악마의 셰프.
타임머신에 대해서 자세하게 말해 줄래?

!
후훗~ 걸려들었다.

그게 워낙 중요한 거라!
공짜로는 가르쳐 드릴 수가 없네요.

뭘 원하지? 이번 대회에서 1등이 되고 싶냐? 좋아, 그럼 이걸 주지.
악·마·의· 소·스!
악마의 소스?
이 소스만 뿌리면 아무리 맛없는 요리도 최고의 음식이 되지.
정말요?
헤 헤 헤
뭐든지 물어보세요. 다 알려 드릴게요~ ♫

아이고~! 내가 도둑놈을 키웠구나! 내 팔자야!
죄, 죄송해요. 하여간 지금부터가 중요한데요.

10년 전 스승님이 단풍놀이를 가셨을 때를 틈타서….

이 항아리 속으로 들어가면 돼요.

오늘처럼 *개기 월식이 있는 날이면 조선 시대로 통하는 문이 열리지요.
* 개기 월식 : 달이 지구의 그림자에 완전히 가려 어둡게 보이는 현상

오, 그럼 들어가 봐!
예?

*칵테일 효과 : 두 가지 이상의 식품 첨가물을 동시에 섭취할 경우 독성이 훨씬 강해지는 현상

아기가 너한테 도둑질을 시켰다고? 이 녀석이 똑바로 말 못해?

정말이에요! 옷, 머리 모양, 목소리까지 에드워드랑 똑같았다고요.
제가 왜 스승님께 거짓말을 하겠어요!

제가 설명하죠!

그 사람은 에드워드의 할아버지입니다.
스르르..

이 우라늄 쥐새끼 같은 놈이 언제 또 들어왔어?
아주 지긋지긋하네.
그게 정말이에요?

에잇!

에드워드는 할아버지의 뒤를 이어 가문의 수석 주방장이 된 거예요.
턱
앗, 감히 내 주걱을! 하나만 묻자. 그놈들이 왜 한식에 관심을 갖는 거냐?
히 히 …

50년 전 어느 날, 나는 프랑스로 떠났어요. 거기서 아주 콧대 높은 요리사를 만났지요.

그가 바로 에드워드의 할아버지였답니다.
우리는 말다툼을 하다가 요리사답게 요리로 승부를 내기로 했죠.
저는 그 대결에서 이탈리아 요리 대신에….

말녀 씨에게 배운 비빔밥을 만들어 승리했어요. 한식으로 녀석의 코를 납작하게 만든 거죠!
비빔밥이라고?
비빔밥

자, 잠깐. 그렇다면 지금까지 벌어진 모든 일이 내 비빔밥 때문에 생겼다는 거야?
완전 소름! 대 반전!

꼭 그렇다고 할 수는 없지만, 여기 있는 모든 사람이 이 일에 관련이 있다는 거죠.

이것이 제가 21세기로 온 진짜 이유!
앞으로 밥주걱 같은 거로 때리지 마세요. 기분 나쁘니까!
….

딱—
싫다, 요놈아!

청아!

이제 수수께끼는 모두 풀렸습니다.
부지런히 요리 연습을 해야지요.
팍

꽃 도련님,
기다리고
계십시오!

생각시의 명예를
걸고 소녀가 꼭
이겨 드리지요!

난 눈꽃 빙수
스페셜!

돈도
없으면서….

눈꽃 빙 수

너희는 안 시켜?
나눠 먹어야죠! 욕심쟁이 같으니!

훗~! 요리와 과학에 대해 가르쳐 줄 텐데 사례가 너무 약한 거 아냐?
앙~
저런 부탁한 적 없음. 레오나르도 다 빈치가 아니라고 생각함!

이건 알갱이가 작아서 잘 녹지 않는구나.
이것 봐, 이것 봐! 가짜 레오나르도 다 빈치야.
얼음 알갱이가 작으면 더 잘 녹는다고요!

생각보다 과학을 잘 모르는구나?
뭐라고요? 그럼 설명해 봐요.

얼음이 녹아 물이 되는 것은 주변의 열이 얼음에 전달되었기 때문이야.
그러면 얼음을 이루는 분자가 흔들리면서 상태가 불안정한 액체로 변하지.

눈꽃 빙수가 천천히 녹는 이유는?

팥빙수는 차가운 얼음을 갈고 그 위에 팥과 과일 등을 넣어 비벼 먹는 여름철 대표 간식이다. 최근에는 얼음이 눈송이처럼 작고 곱게 갈린 '눈꽃 빙수'가 인기다. 눈꽃 빙수의 얼음은 입자가 작고 표면적이 넓기 때문에 큰 얼음 덩어리보다 빨리 녹을 것으로 생각하기 쉽다. 하지만 신기하게도 곱게 갈린 얼음은 큰 얼음 덩어리보다 잘 녹지 않는다. 왜 그럴까?

일반적으로 얼음이 녹아 물이 되는 것은 주변으로부터 열을 받기 때문이다. 얼음으로 전달된 열이 물 분자끼리 연결된 고리를 끊으면서 안정적인 상태(고체)가 불안정한 상태(액체)로 변하는 것이다. 이렇게 녹은 물은 얼음 표면에 고이고, 더 많은 열을 얼음으로 전달하는 역할을 한다.

그러나 눈꽃 빙수처럼 입자가 작은 얼음은 큰 얼음 덩어리보다 물방울이 생기기 어렵고, 물방울이 잘 달라붙지도 않는다. 그 결과 상대적으로 열을 적게 받아 오랫동안 녹지 않는 빙수를 즐길 수 있다.

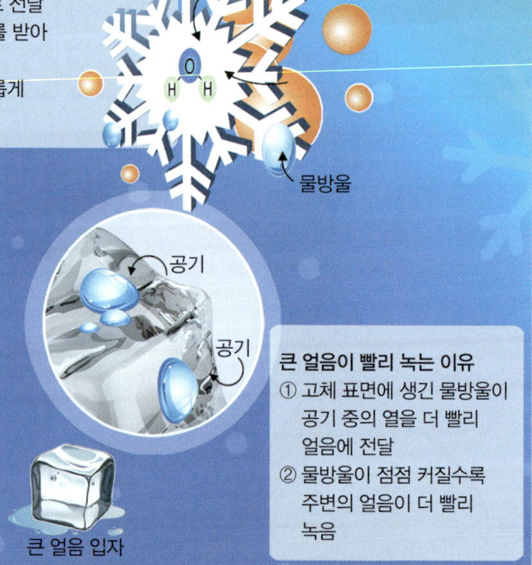

너희들, 눈끼리 싸우면
뭔 줄 알아?

추워(war)~!
휘 잉 잉

그럼
불끼리
싸우면?

서, 설마
더워(war)~?
와~!
맞았어!
잘하네?

으아아~!
500년이나
지난 아재
개그다!
벅
벅
벅
눈물이 다
나옵니다,
도련님!
그만해요!
그만해!

그만해?
그럼,
그만 달?
그만 별?
으아아아!
눈꽃 빙수
다 드세요!
안 뺏어
먹을게요!

제3화
임금님의
책임

꺼~억
맛있다!
잘 먹었어~!

벌써
가려고?
예,
도련님.
가자!

후후….

저 아이가 조선 최고의 임금인
세종대왕이란 말이지?

나보다 더 똑똑하지도 특별해 보이지도 않는데….
조금 더 지켜봐야겠군. 훗~!

청아~!

윤주야~!

반갑구먼, 반가워요~♬
휘
청아, 대회 스트레스 때문인지 많이 야위었어.
휘
아닌데….

멍 멍
어머?

와, 이 강아지 정말 귀여워!
너무 외로워서
우리 집 강아지 미미를 데려왔어.
멍 멍 멍
여기서 같이 지내도 될까? 기숙사에는 비밀~!
끄덕
그럼! 나도 개 아주 좋아해.
우리 집 개똥이도 보고 싶다….
청이네 강아지 이름은 개똥이야?
응. 조금 촌스럽지?
아니, 귀여워!
순군 순군
재잘 재잘

그럼 채민 언니도
한패야?

음….

뭐? 악마의 소스를
만든 사람이
에드워드였다고?

그건 아직
몰라….

좋아!
결심했어!

?

청이가 꼭
이기도록
나도 도울게!

우유는 내가
전문가잖아.

나만의
우유 파르페
특급 레시피를
가르쳐 줄게.

파….
파무침?

아무튼
생각해 줘서
고마워.

끄옥

어머, 시간이
벌써 이렇게
됐네!

나 먼저
씻고 올게.

미미야, 왜 그래?
언니한테 할 말 있니?

살랑

살랑

헥

헥 헥

멍멍멍
이거
먹고 싶어?
와! 내 말을
알아듣네.
좋아,
조금만 줄게.
쩝 쩝
멍~
헤 헤 헤
또 달라고?
꺄아, 너무
귀여워!

좋아.
앗!
안 돼!
파
앗

안 돼!
먹지 마!
미미야,
튀! 어서
뱉어!

윤주야,
왜 그래?
몇 개
줬어?
한 개?

청아, 강아지한테 사람이
먹는 걸 주면 안 돼!
강아지는
전용 사료를
먹어야 해!

파
닥
파
닥

사료?

쿵 쿵 쿵..

윤주, 너 그렇게
안 봤는데….
정말 실망이야!
뭐?

아무리 말 못하는
짐승이지만
미미한테는
이렇게 맛없는
사료나 주고….

맛있는 초콜릿은
너 혼자서만
다 먹으려고 하다니!
미미가 불쌍하지도
않아?

청이는 조선 시대에서
온 생각시였지.
또 깜빡했네.

청아, 초콜릿이
아까워서가
아니야.

사람이 먹는
음식 중에는
개한테 독이 되는
음식이 있어.

이 사료는 개한테
필요한 영양분이
들어 있어.

Dog Food

사람과 개는
필요한 영양분이
전혀 다르거든.

요리조리 과학스쿨

사람과 개가 먹는 음식은 달라요!

가정에서 개를 키우다 보면 자꾸 마음이 약해져서 사람이 먹던 음식을 개에게 주기 쉽다. 하지만 이렇게 아무 음식이나 먹이는 것은 개의 건강을 해칠 수 있는 위험한 행동이다.

개는 사람과 다른 종(種)이다. 따라서 같은 음식을 먹더라도 그 식재료가 몸에서 반응하는 과정이 다르다. 특히 초콜릿과 해산물, 양파, 버섯 등은 개가 먹을 경우 생명이 위험해질 수도 있다.

이런 것들은 다른 식재료와 함께 삶거나 끓여도 개한테 위험하기 때문에 주의해야 한다.

개가 먹으면 안 되는 음식!

술
개는 에탄올에 매우 민감해 조금만 마셔도 금세 취해 버린다.

초콜릿
카페인 같은 메틸수은 성분이 들어 있어 구토, 설사를 일으킨다.

포도, 건포도
신장이 손상되어 몸에 노폐물이 쌓이는 신부전증에 걸린다.

아보카도
아보카도에 있는 페르신 성분이 위장 장애와 호흡 곤란을 일으킨다.

버섯
버섯류를 먹은 뒤 6~8시간이 지나면 구토와 설사를 하고, 심한 경우 사망한다.

양파
양파가 적혈구를 파괴해 빈혈에 걸리고, 심할 경우 사망한다.

어패류
마른 오징어, 새우, 조개 등 어패류를 먹으면 소화 불량을 겪거나 구토를 한다.

자일리톨 껌
인슐린이 많이 분비돼 혈당 수치가 급격히 떨어져 당뇨, 간 손상, 간질 등이 생긴다.

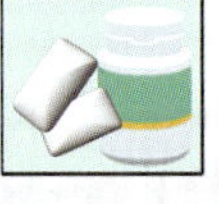

이제 그만
자자.
그래.

여기는 어쩐
일이냐?
이제 네가 올
곳이 아니라고
생각하는데….
생각하는데….

할머니, 청이만 제게
보내 주시면 다 끝나요!

이런 우라늄
텅스텐!
우리는 꼭
이겨서!
조선 의궤도
찾고 교장
선생님도
구할 거야!

청이와 한울이는
절대 우리를
이길 수 없다니까요?
청이만 보내세요.
그럼 결승전에서
우승을 양보할게요.

오~! 괜찮은 제안인데?
덕팔아! 이놈 입 좀 막아라!
예, 스승님!

청이를 보내다니? 그렇게는 못 해!
절대 안 보내!

청이만 보내면 우리는 예전처럼 다시 친구가 될 수 있어.
같이 악마의 소스를 만드는 법을 배워서 최고의 요리사도 될 수 있고!

아니! 나는 내 백성을 버릴 수 없어!
뭐?

이 땅에서 일어난 모든 일은 내 책임이다! 꽃이 지고 홍수가 나고 벼락이 떨어져도 내 책임이다!
그게 임금이다! 모든 책임을 지고 어떤 변명도 하지 않는 자리! 그게 바로 임금의 자리다!
마, 마마~!
이런! 내가 한울이를 잘못 봤구나….
성은이 망극하옵니다!
넙죽
넙죽

아, 눈부셔!
번쩍
번쩍
세종대왕님이
왜 뛰어난
성군인지
이제야 알겠군.

훈민정음, 측우기,
해시계를 만든 게
다가 아니었어.

나라의 근본은 백성이니
백성이 없는 나라란
생각할 수 없다!

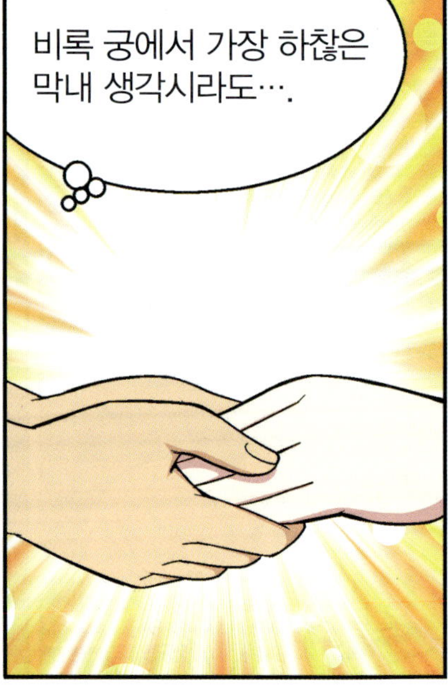
비록 궁에서 가장 하찮은
막내 생각시라도….

똑같은 백성으로
생각하고 사랑하는
애민정신을 실천하시기
때문이었어!

걱정 말거라.
내가 널 지켜 줄 것이다.

뭉클 뭉클

성은이
망극하옵니다~!
마마.

쳇, 한울이 쟤
뭐라는 거야?

이봐,
귀여운
꼬마
아가씨!

누구세요?

나?

난 알프레도….
아니지, 레오나르도 다 빈치라고 들어봤지?

이만 갈게! 난 분명히 에드워드의 말을 전했어!
왕무시?
훅

후회해도 난 몰라! 알았지?

이놈! 다시는 여기 오지 마라!
덕팔아, 저 녀석 떠난 자리에 소금 뿌려라.
벌써 갖고 왔죠!

청이는 내가….

꼭 지키고 말….

거… 야….

드르렁
드르렁

지난번처럼 잠꼬대 하신 걸까요?
글쎄다….

이틀 뒤.

와아
Cooking star chef

요리를 사랑하는 전 세계 어린이 여러분, 안녕하십니까?
드디어 어린이 요리스타 세계 대회 결승전의 막이 올랐습니다!
이제 남은 팀은 단 두 팀!
와아
와
와

이곳에서 열정과 실력, 창의력을 갖춘 최고의 어린이 요리사가 탄생합니다!
해가 떠도 한울이~♪
달이 떠도 청이~♬
Love
이겨라 코...
♡한울오
하으오빠♡
와 아 와
한국 팀이 최고야~♬
아니야, 아니야!

프·랑·스·팀·이·최·고·야!
♡에드워드♡ 이겨라
꾸 엑
엄마야!

그럼 결승전에 오른 두 팀 앞으로 나와 주세요!

청이가 조선에서 온 생각시라고 우기고 있는 한국 팀!
심사 위원님은 끝까지 안 믿으시네~!

그리고 파리에서 온 강력한 우승 후보 프랑스 팀입니다!
와아
와
~♩
열 길 물속은 알아도 한 길 사람 속은 모른다더니….
꽃 도련님한테 딱 맞는 말이야!

안녕~! 허니~♡
다시 만나다니
반갑다냐!
보고 싶었다냐!
매우~! 진짜~!

연극하는 거
다 알아!

척

악수~!
?

훗~♪

뭘 안다는 거다냐?
야얏! 손아귀 힘이 이렇게 세?

알았으면 채민이 말을 들었어야지. 나 진짜 화났다냐!
너희는 내 상대가 될 수 없다냐!

아주 자신만만하네. 하지만 길고 짧은 건 재 봐야겠지?

앗!
꾸욱

거기 양 팀 선수 인사는 그만!
무슨 악수를 1분이나 하니?
꾸욱
꾸욱
꾸욱
꾸욱
꾸욱

이제
각자 자리에
서 주세요!
휙
휙

결승전은
총 3라운드로
진행되며,
요리 실력과
과학 지식을
평가합니다.
와
와아

각
나라를
대표하는
레시피로
여러분의
실력을
뽐낼
시간이군요!
VS
지금부터
결승전을
시작합니다!

각자 앞에 있는 미스터리
박스를 열어 주세요!
M

Slushie

으아악~!
또 꼬부랑
말이다.
하나도
모르겠어!

시간은
딱 3분!
요리 재료가
있는 창고로
가세요!

청아,
이쪽이야!
탁
탁
탁

도련님,
저게 무슨
뜻이옵니까?
일단
따라와!

와아
와

<찬 음식을 먹었을 때 두통이 생기는 이유>

요리조리 과학스쿨

아이스크림을 먹으면 머리가 아프다고?

아이스크림처럼 찬 음식을 먹으면 머리가 얼어붙는 듯한 통증을 느낄 수 있다. 이를 '아이스크림 두통'이라고 부른다. 이런 증상은 왜 생길까?

미국 하버드 의과 대학 호르헤 세라도어 박사팀은 성인 13명에게 얼음물과 상온의 물을 마시게 한 뒤, 뇌의 혈류 속도를 조사했다. 그 결과 얼음물을 먹고 통증을 느꼈을 때 뇌동맥의 혈류 속도가 빠르다는 사실을 확인했다. 세라도어 박사는 차가운 자극에 혈관이 수축됐고, 우리 몸이 뇌를 보호하기 위해 따뜻한 피를 보내면 혈류량이 급격히 증가하기 때문에 통증을 느끼는 것이라고 분석했다. 또는 구강 뒤쪽에 분포한 삼차 신경이 통증을 머리로 전달하기 때문이라는 분석도 있다. 아이스크림 두통을 예방하기 위해선 차가운 음식을 천천히 먹는 게 좋다. 만약 두통이 심할 경우 혀로 입천장을 세게 누르거나 고개를 10초 정도 뒤로 젖히면 통증을 줄일 수 있다.

오호라~!
그럼 뭘 준비할까요?

얼음, 음료수, 소금 그리고 커다란 플라스틱 통!
채칵
23:0
채칵

내가 냉장고 없이 슬러시를 만드는 마법을 보여 줄게.
원래 탄산음료나 패스트푸드는 내 전문이잖아.
칭찬을 해야 하나, 말아야 하나….

어?

뭐, 뭐야?
♪ ~♬

왜 쟤네들은 아무것도 들고 나오지 않지?
슬러시 안 만들 건가?
후훗, 결승전 문제인데 이건 너무 쉽다냐~!

제4화
콜라 마술
100
뭐?
너무
쉽다고?
에드워드
녀석….
대체 뭘 믿고
저러지?
첫 번째
문제는
슬러시
만들기
입니다!
와
와
아
척
재료가 있는
창고로
달려가는
한국 팀!

오 마이 달링~♫
난 언제까지 기다린다냐~!

이 능글능글 거짓말쟁이! 혼나 볼래?
콰
악
히익!

소금
휘이잉

소금, 얼음, 젓가락 그리고 큰 그릇 가져왔습니다. 또 뭐가 필요한가요?
소금
작은 그릇! 주스는 내가 골라 갈게.

-6.5℃
Coca-Cola
Coca-Cola
프랑스 팀은 음료수를 냉동실에 넣었네? 저러면 얼 텐데…

꽁꽁 얼면 슬러시를 만들기 어렵잖아.

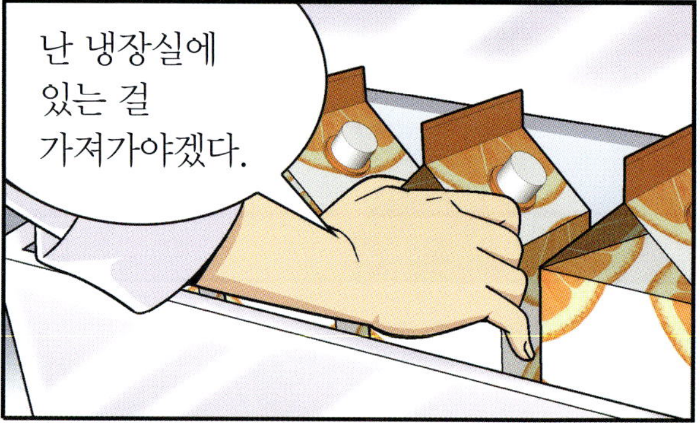

난 냉장실에 있는 걸 가져가야겠다.

벌써 시작했어?
윤호야!
네, 방금요.

결승전 첫 번째 문제는 뭐야?
슬러시를 만들어야 해.
그건 얼음과 소금만 있으면 만들 수 있잖아?

그렇게 만들고 있어.
잘하고 있군!
소금

한울 도련님, 이제 어떻게 하면 될까요?

소금을 얼음에 부은 다음 젓가락으로 잘 저어야 해.
얼음과 소금의 비율은 3:1로 맞추면 돼.
좍 좍 좍

작은 그릇에 주스를 담아 줄…?
앗!

요리조리 과학스쿨

얼음에 소금을 뿌리면 녹는 이유는?

한겨울에 내린 눈에 도로가 꽁꽁 얼면 소금을 뿌린다. 그럼 소금이 닿은 부분부터 얼음이 녹기 시작한다.
왜 그럴까? 이 현상은 소금 분자들이 물 분자 사이로 끼어 들어가면서 물 분자 구조를 무너뜨리기 때문에 생긴
다. 이때 주변의 온도는 전혀 변하지 않고 얼음의 어는점만 내려간다.
물은 보통 0℃에서 얼기 시작해 얼음 상태가 되면 최대 영하 5℃까지 내려간다. 그런데 소금을 뿌렸을 경우
얼음의 어는점이 무려 영하 24℃까지 내려가게 된다. 이것이 어는점 내림 현상이다. 일반적으로
우리나라의 겨울철 온도는 그보다 높기 때문에 얼음이 녹아 물이 되는 것이다.

심사 위원님, 얘가 우리 하는 거 훔쳐봐요!
~♪

프랑스 팀, 1차 경고! 어서 자리로 돌아가세요!
경고 두 번 받으면 ….

후훗~! 별것도 없냐. 돌아가냐!
흥, 허풍쟁이! 실은 우리 마마님의 실력에 감탄하고 있을걸?

그런데 프랑스 팀은 왜 아무것도 하지 않지?
설마…. 기권인가?

기권이라뇨? 우리 팀 슬러시는….

완벽하게 만들어지고 있다뇨!

....
그게 무슨 말이지?

1분 30초 남았습니다!
와
와 아

와
와
1분 남았습니다!

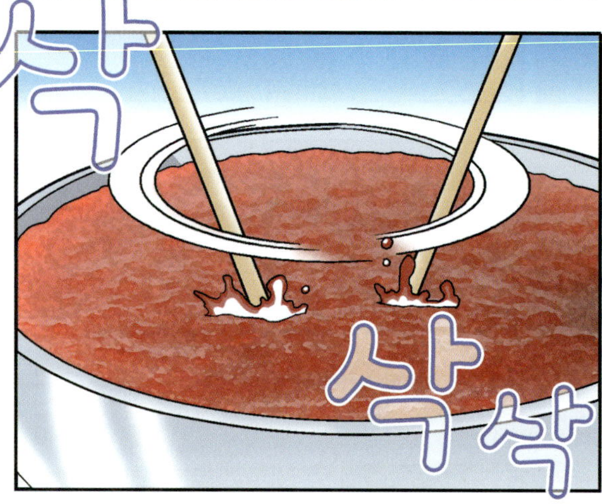

삭
삭 삭

휘 리 릭..

만세! 주스에 살얼음이 생겼다!
어서 그릇에 담아요!
파앗

30초 남았습니다!

슬슬 시작할까냐?
내가 다녀올게.
탁
탁
탁

대체 저 녀석들 무슨 꿍꿍이죠?
잘 만들어지고 있다?
이겨라!

누군가 도와주고 있다는 건가?
그럼 자동 실격일 텐데….

와
와
와
와
여기.
OK~!
?
?

이제 남은
시간은
10초!
9초!
8초!
7초!
6초!
5초!
허
이
이
와
와
아
ICE Cola
ICE Cola

콰
ICE Cola
4초!

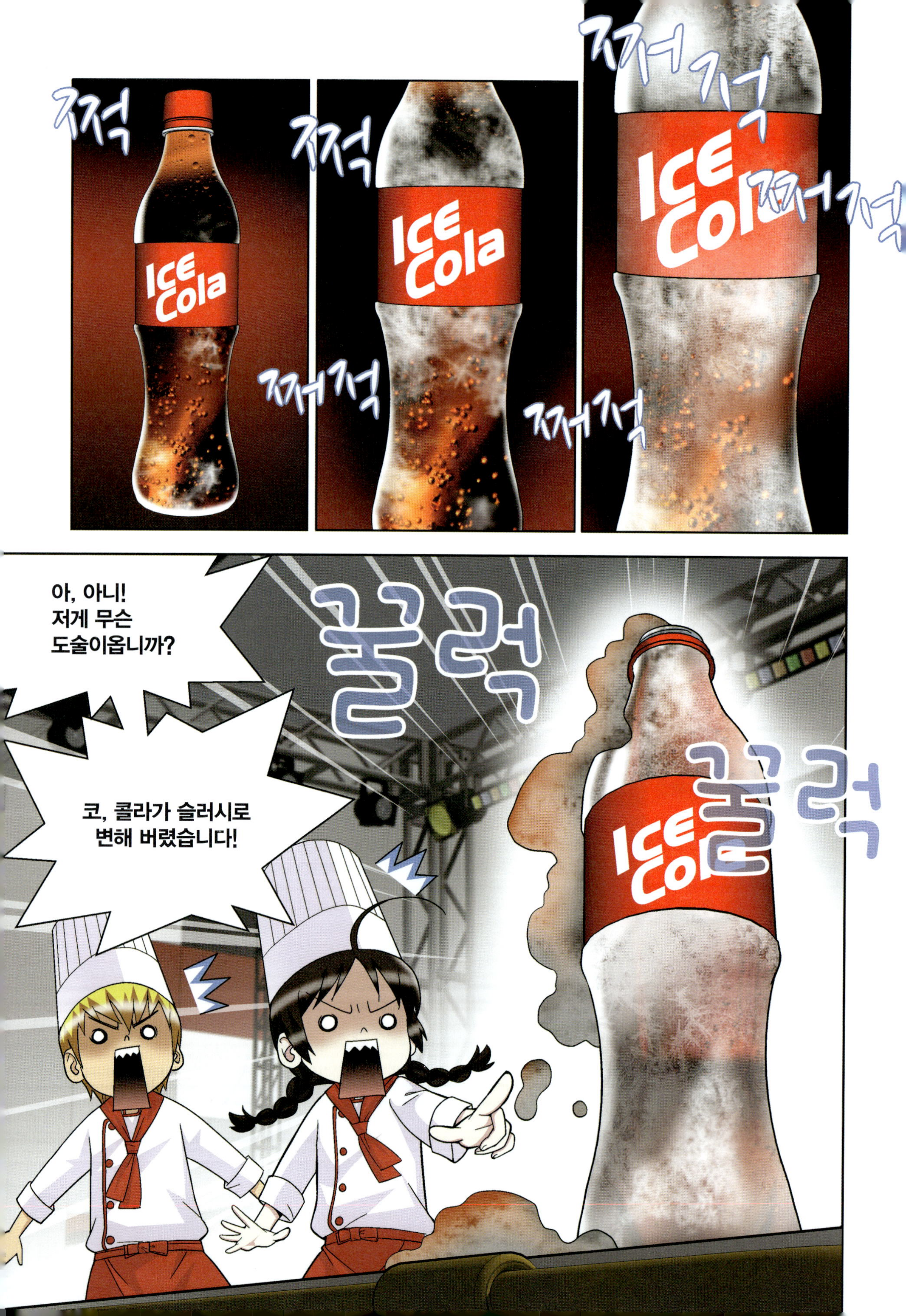

지
적
ICE
Cola
지
적
쩌적
ICE
Cola
쩌적
저
적
ICE
Col 저적
쩌적

아, 아니!
저게 무슨
도술이옵니까?
코, 콜라가 슬러시로
변해 버렸습니다!
꿀럭
꿀럭
ICE
Col

세상에!
와
와

와
와

설마,
냉동실의
음료수?

내가 만든 슬러시가 더
시원할 거냐~!
쪽
쪽
이번 문제의
정답은
'과냉각'이냐!
아, 맛있다.

주어진 시간이 끝났습니다. 양 팀은 완성한 슬러시를 제출해 주세요.
이번에는 한국 팀의 슬러시부터 맛보겠습니다.
어!
이게 뭐지?
와
아
와

얼음이 하나도 없잖니!
벌써 녹았네?
쫄
쫄
쫄

왜 그러세요?

다음은 프랑스 팀 슬러시!
쪽
쪽

아이고, 머리야!
엄청 시원하다!
띠잉!
띠잉!
오오?

제대로
만들었나
보군.

어디 나도
한 모금!

아이차~!

시원하세요?

짧은 시간에
잘 만들었군.

후훗.

심사 위원님,
연기가 서투르냐?

연기?

이번 문제는
푸는 방법이
정해져
있었냐~!

바로 저기!

과냉각 전용
냉장고!

콜라, 사이다, 주스 같은 음료수를 과냉각시키려면 적정 시간 동안 온도를 일정하게 유지해야 하냐.
ICE Cola
그런데 우리가 집에서 사용하는 일반 냉장고는 칸마다 온도가 달라서 과냉각 상태로 만들기 무척 어렵다냐.
그런데…. 저 냉장고는 분명히 온도가 영하인데도 음료수는 하나도 얼지 않았다냐!

그래서 저게 과냉각 냉장고인 것을 눈치 챘냐!
후후, 들켰구나. 정답!
으읔! 나도 잘 살펴볼걸….

도련님, 과냉각이 무엇이옵니까?
그건….
스승님이 자세히 알려주세요.
과냉각 냉장고로 만든다잖아!
그러니까 과냉각의 원리가 뭐냐고요?
이런 컵라면에 찬물 부을 놈! 내가 어떻게 다 아니?

요리조리 과학스쿨

일반 냉장고와 과냉각 냉장고의 차이점

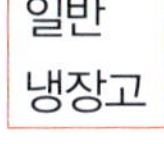

일반 냉장고

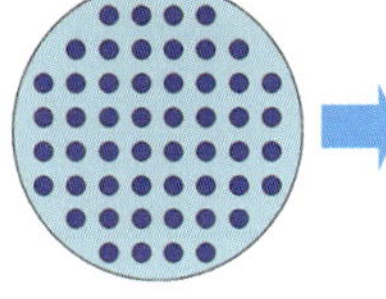

분자가 차가워진다.

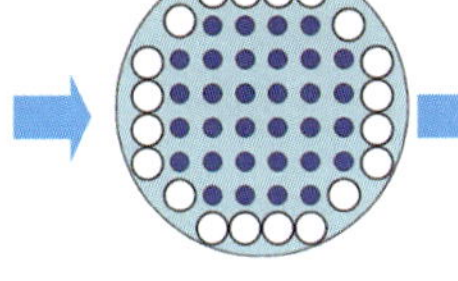

분자가 팽창하며 표면부터 얼기 시작한다.

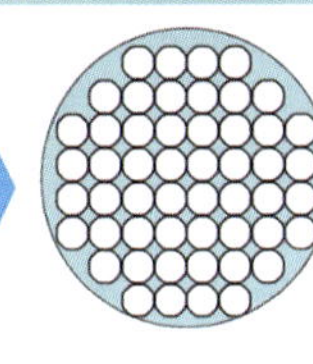

모든 분자가 팽창하고 얼음이 된다.

과냉각 냉장고

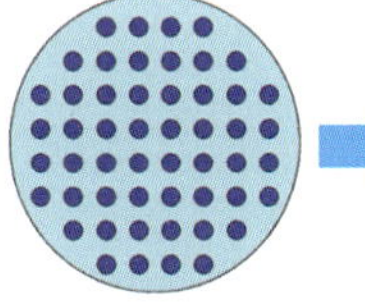

분자가 갑자기 차가워진다.

과냉각

온도가 0℃ 이하로 내려가도 얼지 않는다. 분자는 과냉각 상태다.

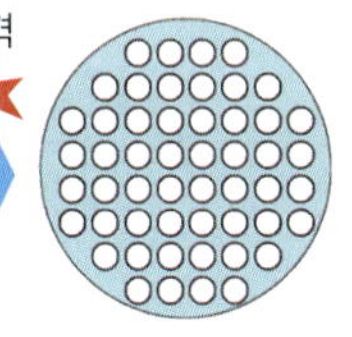

충격

분자 전체가 한꺼번에 얼어붙고, 팽창이 최소한으로 일어난다.

영하의 온도에서도 얼지 않는 과냉각!

프랑스 팀이 페트병을 '쾅!' 하고 세게 내리치자 액체였던 콜라가 순식간에 슬러시로 변했다. 어떻게 이런 일이 가능한 걸까? 그 이유는 페트병 속 콜라가 과냉각 상태였기 때문이다.

과냉각은 물이 어는점인 0℃보다 낮은 온도에도 얼지 않고 액체 상태를 유지하는 현상이다. 보통 순수한 물은 0℃에서 고체로 상태가 변하기 시작한다. 반면 온도가 갑작스럽게 낮아지면, 물은 온도 변화에 적응하지 못하고 액체 상태의 구조를 그대로 유지하는 과냉각 상태가 된다. 그러다 진동이나 충격을 받으면 물 분자들이 빠르게 재배열되면서 순식간에 얼어붙게 된다.

콜라는 액체 속에 이산화 탄소가 많이 들어 있고, 충격을 주면 더 빠르게 입구 쪽으로 이동한다. 이 때문에 슬러시로 만들기가 훨씬 쉽다.

정말 모르는 게 없네.
헤헤, 칭찬이지요?
요리사인데 요리 빼고는 다~ 잘해.
네?

나도 알고 있었어….
다 알고 있었는데!

한울 도련님, 너무 자책하지 마세요.

타·증·불·고!
(墮甑不顧)

시루는 이미 떨어져 깨졌거늘 되돌아본들 깨진 시루가 다시 붙기라도 하겠는가!

후한 시대에 '곽태'라는 학자가 우연히 장독을 파는 상인을 만났지요.

그때 마침 독이 하나 떨어져 깨졌습니다.
어이구!
쨍
그랑

곽태는 당연히 장독 장수가 독이 깨진 것을 아까워할 것이라 예상했지요.
그러나 장독 장수는 아무렇지도 않게 가던 길만 가는 것이었습니다.
여보시게, 독이 깨졌다네! 좀 돌아보시게!

거참! 독은 이미 떨어져 깨졌거늘 되돌아본들 독이 다시 붙기라도 한단 말이오?
오…!

그제야 곽태는 자신이 어리석었음을 깨닫고,

그 젊은이를 데려다 글을 가르쳐 나라의 인재로 키웠다고 합니다.

청이야, 알았어! 다시는 의기소침해지지 않을게.

그럼요. 또 그러시면 백 년 묵은 산삼의 힘으로 도련님 볼기를 찰싹찰싹 때릴 것이옵니다~!

와

와

오
싹

다시 시작하는 거야!
대~ 한~ 민~ 국~!
와아

짜작 짝 짝짝!
쳇!

너 지금 청이를 질투하는 거다냐?
옛날 남자 친구가 청이랑 사이가 좋으니까냐?
쟨 내 질투 상대가 안 돼.

난 이번 시합에서 우승하고 청이랑 결혼한다냐!
저런 모습을 보는 것도 마지막이다냐!

1:0입니다.
이어서
두 번째
경연을
시작합니다!
와

자, 첫 번째
경연의 승자는
바로…?
과냉각을
완벽하게 이해하고
슬러시를 만든
프랑스 팀입니다!
우오오오
와
요리스타
WORLD
Cooking star chef

드르르

이번 주제는 동북 아시아를
대표하는 음식, 만두!
척

만두를 만드는 것이 아니라 만두 속
재료를 맞히는 대결입니다!

음식 속에
들어 있는….

재료를
알아맞히라고?

그렇다면
당연히?

우리가
이긴다!

벌
떡

왜냐고?

에드워드
이겨라

우리 팀에는
개코인 듯
개코 아닌
진정한 개코!
청이가 있거든!

멍
멍

킁
킁
킁
킁
킁

그렇게 부르지
말라고 했죠!
개코라니!

헤헤헤~!
어때? 귀여운데!

와
와 아
질문 있어요!
뭐죠?
한 팀에 두 사람이 다 만두를 먹나요?
아니요. 한 팀에 한 명만 먹습니다. 지금 정하세요.
그렇게 부르지 마. 제발~!
하하하~!
호호호~!
한국 팀에서 누가 나오든….
우리가 이길 테니 어서 정하자냐!
여보시게들 누구 맘대로!
가위 바위 보!
가위 바위 보!

정혜정 선생님의 요리 교실

요리스타 세계 대회 결승전의 첫 번째 문제는 얼음을 활용한 디저트인 슬러시가 주제였어요. 얼음을 만들 때는 보통 물을 사용하지만 우유를 활용하면 특별한 얼음 디저트를 만들 수 있답니다. 이번에는 싱싱한 블루베리와 우유 얼음을 가지고 맛있는 빙수를 만들어 봐요!

블루베리 요거트 빙수

재료 블루베리 100g, 설탕 50g, 그릭 요거트 200g, 우유 100g, 소금 약간

❶ 그릭 요거트와 우유를 2:1 비율로 섞는다.
❷ ❶을 두꺼운 비닐이나 지퍼백에 담아 편평하게 만든 뒤, 냉동실에서 5시간 이상 얼린다.
❸ 블루베리와 설탕을 2:1 비율로 버무리고 물이 생길 때까지 기다린다.
❹ ❸을 약불에서 15~20분 정도 졸인다.
❺ ❹를 냉장고에 넣어 식힌다.
❻ ❷를 꺼내 손이나 밀대로 잘게 부순 다음, 그 위에 블루베리를 얹으면 완성!

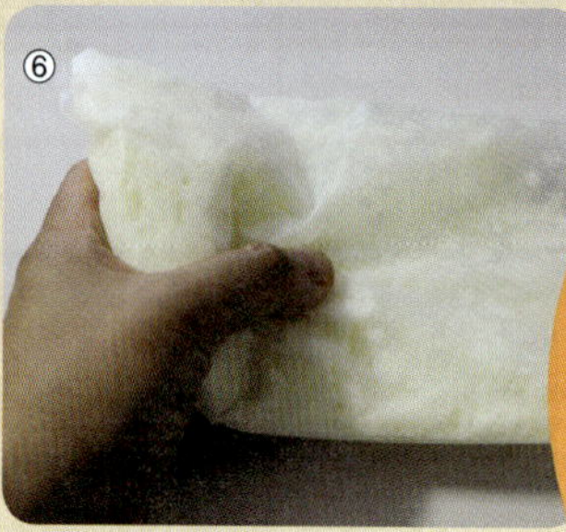

잠깐!

▶ ❶과 ❸의 과정에서 소금을 약간 넣어 주면 단맛을 더욱 강하게 느낄 수 있어요.

슈퍼푸드 블루베리

블루베리는 지름이 2cm 정도로 작지만, 미국 타임지가 선정한 10대 슈퍼푸드로 뽑힐 만큼 영양소가 풍부한 과일이다.

블루베리가 푸른빛을 띠는 것은 안토시아닌이라는 물질이 들어 있기 때문이다. 안토시아닌은 항산화 물질로, 암이나 노화를 예방하는 데 탁월한 것으로 알려져 있다. 게다가 블루베리는 비타민도 풍부하게 들어 있어서 피부 건강은 물론 면역력을 높이는 데도 효과가 크다.

블루베리는 날것으로 먹는 것이 가장 좋다. 물에 씻지 않은 상태로 냉동실에 보관하면 오래도록 먹을 수 있다.

쉽게 갈리는 우유 얼음

빙수를 만들 때 일반 얼음 대신 우유 얼음을 사용하면 좋은 점이 많다. 우선 우유 속에 들어 있는 지방이 물 입자를 둘러싸기 때문에 얼음 알갱이가 훨씬 부드럽다. 혹시 얼음이 녹더라도 우유이기 때문에 빙수 맛이 싱거워지지 않는다.

우유는 순수한 물과 달리 영양 분자들이 섞여 있는 혼합물이다. 영양 분자들은 우유를 얼릴 때 물 분자 사이에 끼어들어 결정이 되는 것을 방해한다. 우유 얼음은 일반 얼음보다 물러서 숟가락이나 포크로도 잘 갈리기 때문에 손쉽게 디저트를 만들 수 있다.

제5화
소리로 맛을 보다
가위~ 바위~ 보!
팟

내가 이겼다냐!
분하다….
아~ 너무 설레냐!
콩닥
콩닥
허니하고 나하고 대결하는 거냐?
내 사랑~♡
얼씨구?

이 사람이 악마의 소스를 만든 사람이라고?
한국 말도 서툴고 그냥 순진한 바보 같은데….

양 팀 선수들 준비됐나요?
그렇냐!
짝
짝

자, 시작하겠습니다. 두 번째 경연은 아까 말했듯이….
만두 재료를 알아맞히는 대결입니다!

재료는 전부 15가지! 지금부터 만두를 먹어 보세요!

레이디 퍼스트~!
…
허니부터 먹어 보냐!

스승님,
청이가
잘하겠죠?

식재료에
대한 이해는
그 누구보다
뛰어난
아이니까요.

그래, 청이를
믿어 보자꾸나.

쿵쿵쿵~!
아하~! 코가 간지러운 걸 보니 후춧가루!
벌렁
벌렁
벌렁
한국 팀, 만두에 들어간 첫 번째 재료가 뭐죠?
네! 제 생각에는….
소고기입니다!
오~ 정답!

다음은 프랑스 팀!
만두 속에 들어간 재료는 뭐죠?
세, 세상에!
으아악~! 시끄러워!
우적 우적
아그작 아그작
쩝쩝 찹찹
와구 와구
질겅~질겅
~냠 냠
꿀꺽 꿀꺽
꼴깍 꼴깍

와작와작~ 우적우적~
훌훌~ 홀홀~ 아삭아삭~
와작와작~ 오물오물~
질겅질겅~ 잘근잘근~
음~ 정말 맛있다냐!

척
심사 위원님,
프랑스 팀 반칙이에요.
너무 시끄럽습니다.
엥?

냠냠~ 오물오물~ 쩝쩝~!
…

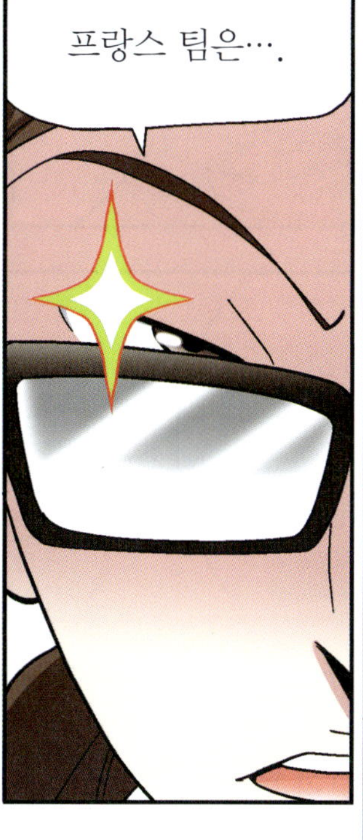

프랑스 팀은….

반칙이 아닙니다.
예?
왜요?

프랑스 팀은 지금 소리로 음식을 먹고 있으니까요.
경연 중이니 자세한 설명은 생략하겠습니다.
물컹
물컹

이런 우라늄! 김밥 먹다가 포일 씹는 소리?
내, 내가 할 말을….

심사 위원님 말씀이 맞아.
네?
음식은 눈으로 먼저 먹는다는 말도 있지?

'보기 좋은 떡이 맛도 좋다.' 아주 유명한 말이잖아요.
예쁜 음식이 더 맛있게 느껴진다는 뜻이죠!

맞아. 음식 맛은 보이는 것에도 영향을 받거든. 그런데 혹시 이런 말도 들어 봤니?
'들리는 대로 맛이 난다!'

요리조리 과학스쿨

소리로 음식을 맛본다?

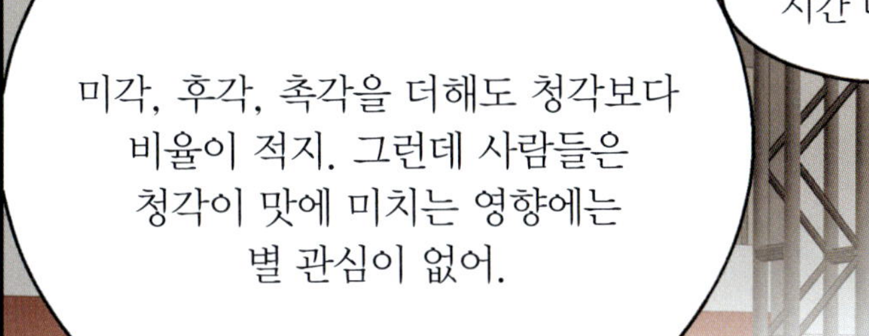

인간의 오감 중 음식의 맛을 느끼는 건 미각만이 아니다. 시각, 청각, 촉각도 맛을 느끼는 데 큰 영향을 미친다.

❶ 시각: 음식을 보는 순간 내용물을 파악하고 색을 통해 신선한 상태인지 확인할 수 있다.

❷ 후각: 음식을 먹을 때 코로 전달된 냄새가 더해져 맛을 더 강하게 느낄 수 있다.

❸ 촉각: 미각 세포가 모여 있는 미뢰는 혀뿐만 아니라 입천장과 목젖 등 입안 전체에 있다. 따라서 딱딱함, 부드러움, 미끌거림 등의 질감을 구분하고 맛을 더 자세히 느낄 수 있다.

❹ 청각: 음식을 씹었을 때 귀로 전달되는 정보가 맛에 영향을 미친다. 청각 정보가 재료 본연의 정보와 일치하는 순간, 재료가 신선하고 음식이 맛있다고 느낀다.

제가 선택한 재료는!
밀가루다냐!
뭐?
만두를 3분이나 먹어 놓고선!
허니~♡ 승부는 냉정한 거다냐~!
누가 뭐라고 했습니까?
제가 생각한 다음 재료는 돼지고기입니다.
정답!
두부도 있다냐~♬
그럼 저는 숙주나물!
헤헤~ 난 당면!
옛날 당면
뻥튀 무첨가

달걀,
후춧가루!

대파,
마늘!

정답!
정답!
와
아
와
5 : 5
현재 양 팀이
맞힌 재료는
각각 5개!

역시 청이는
대단해.
청이 코는 개코!

한울아,
네 뜻대로
되진 않을걸!

지금까지 에드워드를
이긴 사람은
아무도 없거든.
쪽
쪽
쪽
경기에
집중하세요!

애호박 하겠습니다.
사각사각~ 양파입니다!
이제 남은 재료는 5개! 다시 한 번 마음을 가다듬고 맞혀 볼까요?

와! 대단한 실력입니다!

또 다시 둘 다 정답!

심사 위원님, 잠깐 드릴 말씀이 있사옵니다.
뭔가요?

만두를 한 개만 더 먹었으면 좋겠다.
음….

상대편인 한국 팀이 결정해 주세요!

소녀는 괜찮사옵니다.
좋아요!

재료 맞히기 대결에서 정답을 3개 남긴 순간!
양 팀 선수가 만두를 한 개 더 먹어 보겠습니다.
와 아 와 아 와 아
안 된다! 청아!
부르르
스승님, 갑자기 왜 그러세요? 불안하게…
이런…. 큰일이다!
저런 여우 같으니…!
오물 오물
질겅 질겅
큹 큹 큹
잠깐…!
큹 큹
이 만두는 맛이 다르잖아?

제6화
사라진
냄새

냠 냠냠

킁 킁····

이제 남은
재료는 세 가지!
한국 팀 차례죠?
맞혀 주세요.

네, 저는….
안절
부절

청아,
왜 그래?
무슨 일
있니?

아니에요.
괜찮습니다….

사실은….
아무 냄새도
나지 않습니다.

두 개나 먹었는데,
만두 냄새를
맡을 수가 없단
말입니다….
쩝 쩝 쩝
갑자기
고뿔(감기)에
걸린 듯….

역시 청이가
더 이상 냄새를
못 맡는구나.
저것이 바로
후각 순응
현상이란다.
후각 순응?
스승님, 그게
뭔데요?
예?
하아
턱
윽!

요리조리 과학스쿨

냄새가 사라졌다?

지저분한 화장실에 처음 들어가면 고약한 냄새가 코를 찔러요. 하지만 화장실에 잠시만 머무르면 금세 괜찮아져요. 짧은 시간 안에 화장실이 깨끗하게 변한 걸까요? 아니에요. 냄새가 사라지지 않았지만 후각 세포가 무뎌져 더 이상 화장실 냄새를 느끼지 못하는 상태가 된 거예요. 이를 '후각 순응' 또는 '후각 피로 현상'이라고 해요.

후각은 오감 중에서도 매우 예민한 편에 속해요. 일반적으로 우리 몸이 냄새에 반응하는 시간은 0.2~0.5초이지요. 그래서 조금이라도 다른 냄새가 나면 변화를 알아챌 수 있고, 여러 냄새가 섞여 있어도 특정 냄새를 맡을 수 있어요.

하지만 세포가 예민한 만큼 피로도 쉽게 느껴요. 15~30초만 지나면 냄새를 느낄 수 없게 되지요. 하지만 계속 맡던 냄새만 느끼지 못하는 것일 뿐, 새로운 냄새는 잘 맡을 수 있답니다.

과학자들은 이 현상을 우리 몸이 스스로를 보호하기 위한 반응이라고 보고 있어요. 상한 음식이나 몸에 해로운 물질의 냄새에 민감하게 반응해, 유해 물질로부터 몸을 보호하는 거지요.

만약 냄새를 다시 맡고 싶다면 코를 잠시 막았다가 다시 맡으면 돼요. 또 전혀 다른 냄새를 맡았다가 다시 맡는 것도 방법이랍니다.

아하~! 그런 게 후각 순응이군요.
스승님, 아무튼 저는 입 냄새 안 나거든요?

하. 나. 도!
흐~아

얼씨구! 자기 입 냄새를 처음 맡았구나!
끌까닥

오물 조물 쩝쩝 후르르

네가 개코인 건 누구나 알지. 그래서 후각 순응을 일으키려고 만두를 또 먹은 거야.
코를 잡고 15초 정도 숨을 참으면 순응이 없어지는데, 절대 안 가르쳐 줄 거야! 헤헤헤~!

다음 재료는….
참기름입니다!

한국 팀의 일곱 번째 선택,
참기름입니다! 결과는?

정답!
익!

흥, 하나 정도는
기억하고 있었겠지.
하지만 마지막은
어림없을걸?
이번에는
프랑스 팀!
재료를
맞혀 주세요!

앗, 이에 뭐가
꼈다냐?
뭘까냐?

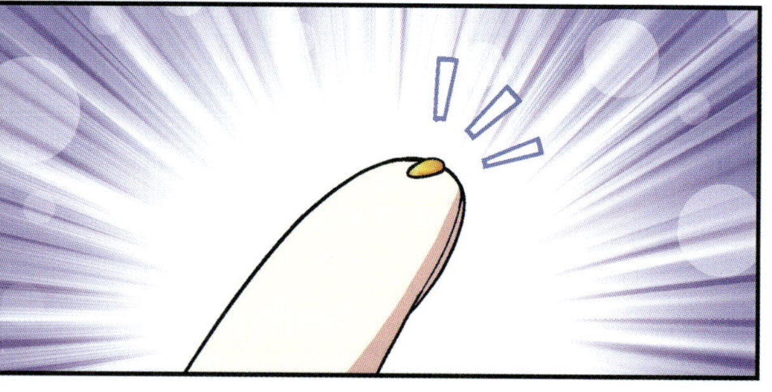

앗,
깨네?
헤헤헤~!
저는 깨소금
이다냐!

이제 남은
재료는
단 하나!
7:7

정답!
현재 점수는
7:7!
결승전답게
양 팀의 실력이
팽팽하군요!
와
와
와
아

우선권은
한국 팀에
있습니다!
마지막
재료를
말씀해
주세요!

만두에 들어간
마지막 재료는….

청아,
힘내!
꿀
꺽

쿵 쿵

벌렁
벌렁
벌렁

우 웩 우 웩
우 웩

한국 팀, 갑자기
왜 그러죠?
무슨 일
인가요?

네?
우웩!
지독한
입 냄새가 납니다.
장난 치지 마세요!
여기는 결승전
무대라고요!

그리고
전 하루에
양치질을
다섯 번
씩이나
합니다!
제가
얼마나
깔끔한데
입 냄새라니!
억울해요!

우웩~!
그럼 대체
이 냄새는….
앗, 저기서
납니다!

하아
하아
하아
하아
하아

후 ㄹㅣㄹㅣㄹㅣ
빡
더러워 죽겠네!
한국 팀 관중
즉시 퇴장!
양치질 하고
들어와요!
으악~!

그럼 계속해
볼까요?
한국 팀,
마지막
재료는
뭐죠?

그,
그게….

세상에! 이렇게 지독한
입 냄새는 처음이야.
하아
하아

앗? 갑자기…!
난다! 다시
만두 냄새가 난다.
뭐라고?
냄새가 난다고?

팟

이런 우라늅!
밥 먹다가
되새김질할 놈아,
요건 미처
몰랐지?
후각 순응을
벗어나려면
코를 잠시 막은
뒤에 다시 맡아
보면 된다.

이이··
아니면 잠시 다른 냄새에
정신이 팔렸다가 다시 맡아도
냄새를 느낄 수 있지.
메~롱~!

한국 팀 마지막 재료를
말씀해 주세요!
5, 4, 3···.
와
아
2···1···!

마지막 재료는
소금이옵니다!
와
와

한국 팀의 마지막 선택은 소금입니다! 그렇다면 프랑스 팀은?
간장…!
제 선택은….
긴장되는 순간입니다. 만두를 먹어 보고 재료를 알아맞히는 대결!
마지막 열다섯 번째 재료에서 양 팀의 의견이 갈렸습니다! 과연 승자는?
파직
파지직

프랑스 팀은 간장!
한국 팀은 소금을 선택했습니다!
와
와
와
와
만두 속에 들어 있는 마지막 재료는 과연 무엇일까요?

나에게 도전을 했냐?
좋아.

그럼 우리 내기 하나 하냐?
진 사람이 이긴 사람에게 뽀뽀해 주냐!
부르르

청이야, 속지 마!
이기든 지든 결국 에드워드랑 뽀뽀해야 해!
앗, 들켰다냐!

쿠쿵
좋습니다.
소녀가 이기면 100년 묵은 산삼의 힘으로 딱밤을 때려 드리지요!
오~!
대신….

양 팀,
준비 되셨나요?

그럼 마지막
재료가 무엇인지
열어 보겠습니다!

저도
떨리는군요!
이 안에 든
정답은….

쭈~욱

소금 입니다!
딱
슈웅
축하합니다! 한국 팀의 스, 승리 입니다….

쿵
그렇게
뽀뽀가 하고
싶다니
이 할미가
대신
해 주마!
쪽
쪽
쪽
쪽
쪽
쪽
쪽

장난인데
엄청 세게 때리네….
소녀, 가진 힘의
100분의 1만
썼사옵니다!
히익?

그, 그건 그렇고!
정답을 맞힌 한국 팀!
네. 간장 특유의 풍미가
나지 않았습니다. 그래서
소금이라 생각했지요.
소금인 걸 어떻게
알았죠? 소금과 간장을
냄새로 구별했나요?
오호~! 어려운
단어가 나왔습니다!
풍미가 뭐죠?

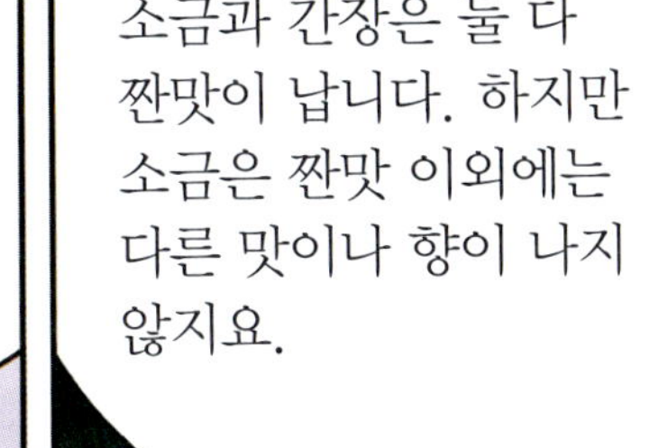

'풍미'란 한 가지 맛이 아닌 여러 가지의 복잡한 향과 맛을 낸다는 뜻입니다.

소금과 간장은 둘 다 짠맛이 납니다. 하지만 소금은 짠맛 이외에는 다른 맛이나 향이 나지 않지요.

반면 간장은 메주를 소금물에 넣어 발효시킨 거예요. 이 과정에서 다양한 맛과 향이 생겨나죠.

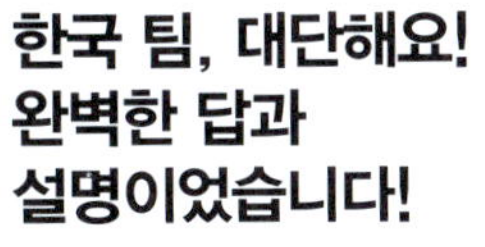

한국 팀, 대단해요! 완벽한 답과 설명이었습니다!

도련님도 참~!

보는 눈이 많은데 자꾸 이러시면….

점점 열기가 달아오르고 있는 요리스타 세계 대회 경기장입니다!
와
와 와 와
현재 한국 팀과 프랑스 팀의 점수는 1 : 1, 동점! 팽팽한 결승전이 이어지고 있습니다.

곧이어 세 번째 경연을 시작하겠습니다!
질
질
질

후훗!

어린이 대회라 시시할 줄 알았는데 흥미진진하군.

그런데 좀 이상하지 않나요?
뭐가?
왠지 프랑스 팀이 일부러 져 준 느낌이랄까?
만두 속에 들어간 재료를 냄새로만 알아내는 요리 천재가 간장과 소금도 구별하지 못했을까요?
깜빡
깜빡
뭐어?

뭐? 일부러 져 준 거라고?
쉿!

왜 그랬어?
한 번에 끝내
버리지.
히히히~.

한국 팀이
금방
떨어지면….

재미없다냐.
후훗~!
안 그러냐?
와

어디서 그런
헛소리를!
와

톨스토이가 이런 말을 했죠.
'신은 고기를 보냈고
악마는 요리사를 보냈다.'

우승할 수 있다는 희망을 끝까지
품게 하다가 마지막에 대역전패를
안길 거냐! 정말 재밌다냐!
할 수 있다,
할 수 있다!
할 수 있다
할 수 있사옵니다!

치카
치카
휙
엥? 그게 무슨 뜻이죠?
말을 했으면 의미도 알려 줘야죠.
흥! 저놈도 모르고 한 말일 거다.

설마, 에드워드가 그렇게까지 엉큼한 녀석일까?
아닐 거야, 아닐 거야…!

?
?

아얏!

세 번째 경연은 이분이 내 주시겠습니다!
화재 신고는 119! 물론 불 안 나는 게 가장 좋아요~!

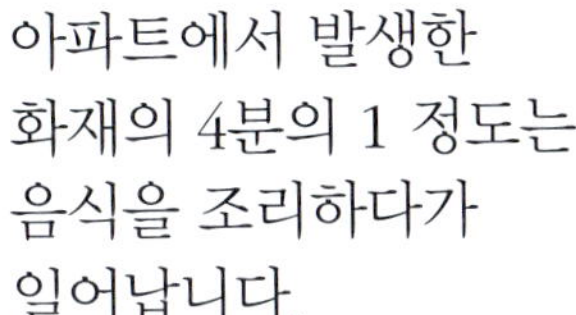

아파트에서 발생한 화재의 4분의 1 정도는 음식을 조리하다가 일어납니다.
음식을 불에 올려놓고 깜빡 잊어버리는 등 부주의하기 때문인데요.

졸
졸

식용유를 두른 냄비를 가열했을 때 불이 얼마나 빨리 붙는지 보여 드리겠습니다.

1분 40초가 지나자 온도가 240℃까지 오르고, 3분 뒤에는 300℃를 넘었습니다.
5분이 지나자 냄비에 생긴 불이 가구와 가전제품으로 옮겨 붙습니다. 아주 위험한 상황입니다.
화르르
에구머니나!

요리조리 과학스쿨

연소의 3요소

불이 나는 데 필요한 연료, 열, 산소! 이 세 가지를 '연소의 3요소'라고 부른다. 불이 타는 현상인 연소는 3요소와 함께 삼각형으로 표현된다. 변이 하나라도 없으면 삼각형이 되지 않듯이, 3요소 중 한 가지라도 없다면 불이 나지 않기 때문이다.

첫 번째 요소인 연료는 불에 탈 물건을 뜻한다. 불에 탈 수 있는 재료는 연탄·나무·종이 등의 고체 연료, 석유·휘발유 등의 액체 연료, 천연가스 같은 기체 연료로 나뉜다. 일반적으로 기체 연료, 액체 연료, 고체 연료 순으로 불이 잘 붙는다.

열은 발화점 이상의 온도다. 발화점이란 불꽃이 직접 닿지 않고 열에 의해 스스로 불이 붙는 온도다. 불이 나려면 발화점 이상으로 온도를 높일 수 있는 열이 필요하다.

마지막 요소는 산소다. 아궁이에 불을 붙일 때 입으로 바람을 불거나 부채질을 하는 이유도 산소를 불어넣어 나무가 불에 잘 타도록 하기 위해서다.

자, 진짜 문제를 내겠습니다!
요리를 하다가 냄비에 살짝 불이 붙었을 때, 얼른 끌 수 있는 것은?
1번 물!
2번 참기름!
3번 케첩!
4번 마요네즈!

으아아! 소녀는 답을 모르겠사옵니다~.

제7화
어려운 선택
물, 참기름, 케첩, 마요네즈 중 프라이팬에 난 불을 끌 수 있는 재료는 무엇일까요?
와
와아
와
제한 시간은 3분입니다! 정답과 이유를 말해 주세요!
물론 불이 아주 살짝 났을 때만 가능한 방법입니다.
튀김이나 볶음 등의 요리를 하다가 기름에 불이 붙는 경우 말이에요.
어, 어렵다.
정말 어려워!

그렇지? 에드워드?
앗, 에드워드!
뭐하는 거니?
콜 콜~

설마 자는 거야?
어서 일어나!
깜짝이냐!

정답은 알고 있으니
너도 좀
졸지 그러냐….
정말?
아니,
벌써?

정답은
마요네즈다냐!

히익!

도련님, 에드워드가
소곤소곤….
음.

못 들은 척해.
아직도
에드워드를
모르니?
답을 먼저
말한 건
일종의 심리
게임일 거야.

심리
게임?
가위바위보를 해 보자.
난 가위를 낼게.
넌 뭐 낼래?
음….

정말
어렵네요.
이렇게 자신의 답을
미리 말해서 우리가 다른 곳에
한눈을 팔게 하려는 속셈이지.

에드워드는 아주
여우이옵니다.

늑대인가?
여~우

채칵
채칵
2:00
1분 경과!

1분 30초
경과!

불은 물로 끄는 게
아니겠습니까?

그건 아냐. 물과
기름은 섞일 수가
없잖아.
기름
물

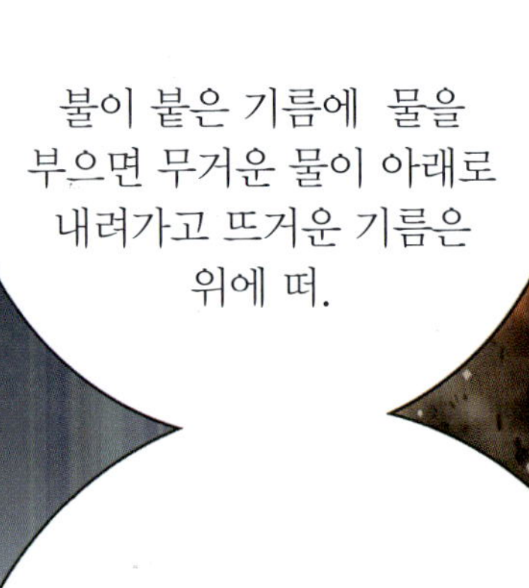

기름 종류별 발연점

기름	발연점
참기름	160℃
들기름	170℃
올리브유	196℃
콩기름, 해바라기씨유 등	230~250℃

*발연점 : 기름을 가열했을 때 연기가 나기 시작하는 온도

달걀노른자, 식초 또는 레몬, 그리고 식용유가 들어가냐!
와~! 어떻게 알았….
앗, 너 뭐야?
심사 위원님, 여기요!
슝~
녀석, 우릴 아주 무시하고 있네.
나도 마요네즈 재료는 알고 있었어!
잠깐, 식용유?
3분 경과! 양 팀, 문제를 다 풀었나요?
와 와 와
난 마요네즈.
전 케첩이오.
어렵네…. 저도 케첩이오.

프랑스 팀, 먼저 정답을 말해 주세요!

마요네즈를 선택했다냐!
에드워드, 왜 그래?

마요네즈를 만들 때 식용유가 들어간다고! 기름 말이야!
한국 팀한테도 비밀을 말해 놓고 왜 마요네즈를 선택하는 거야?
일부러 져 주는 것도 한 번뿐이지. 이건 아니잖아. 에드워드!

그렇다면 한국 팀은?

이건 분명 심리 게임이야.
프랑스 팀이 마요네즈를 선택했다. 그렇다면 나는….

한국 팀이
선택한 답은
케첩입니다!

양 팀에게
한 번 더 기회를
드리겠습니다.
선택한 답을
바꾸겠습니까?
한국 팀도
안 바꾸나요?
천지신명님!
비나이다, 비나이다….
제발 정답이기를!
싹
싹
절대 안
바꾼다냐!
네.

정답은 마요네즈입니다!
프랑스 팀 승리!
그럴 리가
아〇〇〇
어머나, 세상에!
후훗

마요네즈에는 식용유나 올리브유가 들어간다고요!
쯧쯧쯧〇〇〇
기름에다가 기름을 붓는 건데 어떻게 불이 꺼져요?

한국 팀이 하나는 알고 둘은 모르네요.
소방관 아저씨, 설명 부탁합니다.
네.
척

마요네즈로 불을 끌 수 있는 원리는 마요네즈가 어떻게 만들어졌는지를 알면 쉬워요.

요리조리 과학스쿨

주방에서 생긴 작은 불은 마요네즈로 끌 수 있다?

주방은 불을 자주 사용하기 때문에 화재가 나기 쉽다. 특히 부침이나 튀김 등 기름을 많이 쓰는 요리를 할 때 불이 옮겨붙는 경우가 많다. 따라서 주방 가까이에 소화기를 두었다가, 화재가 나면 즉시 소화기를 사용해 불을 끄는 것이 좋다. 그러나 소화기가 없을 땐 마요네즈가 훌륭한 소화기 역할을 한다.

마요네즈의 주재료는 달걀노른자다. 달걀노른자에는 '레시틴'이라는 성분이 들어 있다. 이 성분은 식용유 방울 주변에 붙어 막을 만들고, 바깥쪽에 있는 물과 잘 섞인다. 즉, 섞이지 않는 기름과 물 사이에 레시틴이 껴서 '에멀션 상태'를 만드는 것이다.

그런데 에멀션 상태의 분자는 가열될 경우 딱딱하게 응고된다. 그리고 딱딱하게 응고된 마요네즈가 기름 표면을 덮으면 산소가 차단되면서 불이 꺼지게 된다.

단, 마요네즈를 소화기 대신 사용하는 건 불이 아주 작게 났을 경우에만 가능하다. 만약 마요네즈로도 해결되지 않는 큰불이 났다면 소화기를 사용해야 하며, 재빨리 119에 신고해야 한다.

기름

레시틴

물

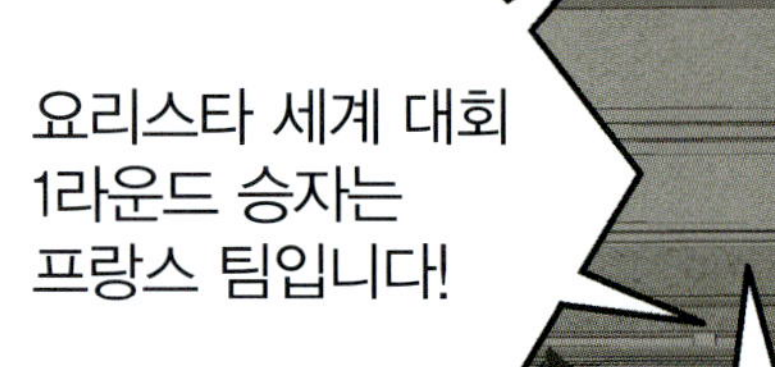

저 녀석이 처음부터 내 생각을
흩트려 놨어.

대단해~.
난 틀린 줄만
알았어!

ㅋㅋ
연기하느라고
힘들었다냐!

저걸 확!

흑 흑 흑

그만 울·라·니·까!
히익

사내 대장부로 태어나서 어찌 눈물을 자꾸 흘린단 말이오?
흔들
흔들

끝날 때까지 끝난 게…?
후후후….

1라운드는 졌나 봐?
내 얘기를 들으면 2라운드는 이길지도 몰라.

개똥도 약에 쓸 때가 있단 말입니까?
어머머! 어머머!
너 지금 개똥 이라고 했니?
이런 모욕은 처음이야!

정혜정 선생님의 요리 교실

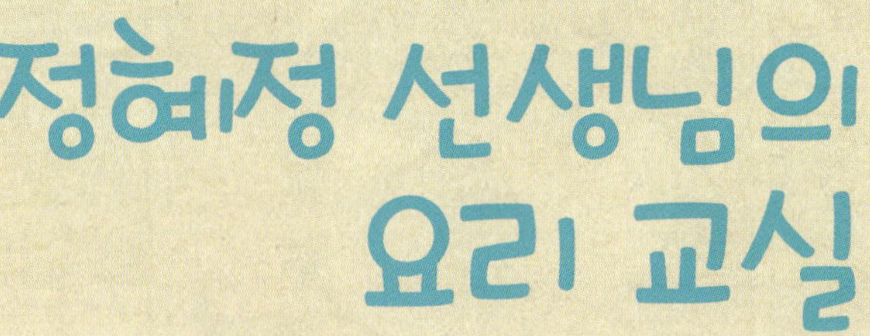

최근 스스로 만들어 먹는 '수제 음식'에 대한 관심이 높아지고 있어요. '수제 음식'은 방부제나 발색제 등 화학 물질이 들어가지 않기 때문에 건강에 이롭고, 만드는 사람의 정성이 더해져 맛도 좋답니다. 이번에는 결승전 문제에서 한울이가 선택했던 '케첩'을 직접 만들어 봐요.

수제 케첩

재료 방울토마토 1kg, 양파 1/4개, 마늘 1쪽, 소금 1t, 식초 3T, 설탕 2T, 허브 믹스 1t

❶ 양파와 마늘을 잘게 썬다.
❷ 냄비에 기름을 두르고 ❶을 노릇노릇해질 때까지 볶는다.
❸ ❷에 반을 자른 방울토마토와 물을 약간 넣고 중불에서 끓인다.
❹ 주걱으로 방울토마토를 으깨면서 30분 정도 더 끓인다.
❺ ❹를 믹서에 넣어 곱게 간 뒤 고운 체에 내린다.
❻ 소금, 설탕, 허브 믹스, 식초를 약간씩 넣고 약불에서 졸이면 완성!

잠깐!

▶ 양파와 마늘은 케첩의 감칠맛을 더해 줘요. 체에 내린 토마토케첩은 오랫동안 뭉근하게 끓여 주세요.

중국의 생선 소스, 케첩

감자튀김이나 각종 야채를 먹을 때 곁들여 먹는 케첩은 가장 대표적인 소스(맛을 돋우기 위하여 넣어 먹는 걸쭉한 액체)이다.

케첩은 원래 17세기 중국에서 즐겨 먹던 생선 소스였다. '케(ke)'는 중국 푸젠성 지역 말로 '저장된 생선'을 가리키는 글자다. '첩(chup)'이라는 글자는 '소스'를 뜻하는 한자어 '즙(汁)'에서 유래됐다. 즉 주원료인 생선에 식초와 소금 등 향신료를 넣고 발효시킨 젓갈을 케첩이라고 불렀다. 이 소스는 당시 중국을 찾았던 영국 상인들을 통해 영국은 물론 미국까지 전해졌다. 이후 서양인의 입맛에 따라 주원료가 버섯 또는 토마토로 바뀌면서 오늘날의 케첩이 탄생하게 됐다.

토마토, 말려 먹자!

케첩을 만들 때 '선 드라이드 토마토(Sun Dried Tomatoes)'를 사용하면 맛이 훨씬 좋다. 선 드라이드 토마토는 이름 그대로 태양에 말린 토마토를 뜻한다.

선 드라이드 토마토는 맛이 좋을 뿐만 아니라 영양소도 풍부하다. 토마토의 주성분인 리코펜은 우리 몸에서 암을 일으키는 활성 산소를 없애 준다. 그런데 이 리코펜은 열을 가할수록 우리 몸에 잘 흡수되기 때문에 선 드라이드 토마토가 몸에 더욱 좋은 것이다. 선 드라이드 토마토를 만들려면 일단 다홍색의 단단한 토마토를 준비해야 한다. 그리고 토마토를 얇게 썰어 90℃인 오븐에 세 시간 정도 가열한 뒤, 볕이 좋은 야외에서 하루 정도 말리면 된다.

제8화
음식은 약이다
흥, 관둬!
절대 안 도와 줄 거야!
아무리 부탁해도 소용없어!
와
와
와
와
선수 대기실
걱정하지 마. 2라운드에서 이기면 되잖아.
2라운드는 아마 더 쉽지 않을 거야.
왜요?

아직 나오지 않았잖아.
?
토닥
토닥

악마의 소스!
아… 그렇구나!
야! 내 요리가 뭐가 어째?

덕팔이 아저씨의 지독하게 맛없는 요리도 한순간에 일류 요리로 만들어 준다는….

2라운드에서 악마의 소스를 사용할 게 틀림없어.
휴….

윤주야, 나 잠깐 서각에 다녀올게.
?

청아, 서각이 뭐야?

궁중 화장실! 요놈아, 그것도 몰라?
꽁
아야!
그렇게 어려운 말을 제가 어떻게 알아요!

이것 좀 먹어 볼래?

싫어요. 안 먹을래요.

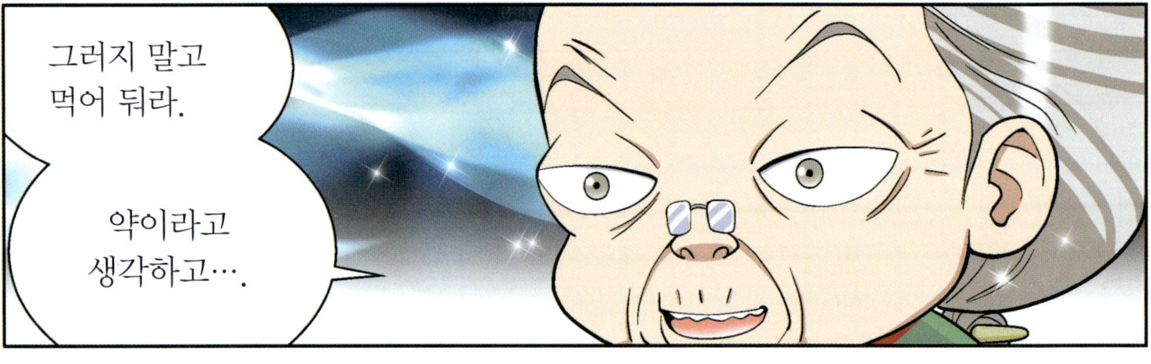

그러지 말고 먹어 둬라.
약이라고 생각하고….

에이, 그게 무슨 약이에요? 아몬드하고 땅콩인데.

싹

이런 우라늄! 아침 먹고 저녁에 되새김질 할 놈!
너는 대장금도 안 봤어?
갑자기 웬 대장금?

왜 몸이 아픈 사람에게 약 대신 음식을 주시나요?
그 사람들은 몸이 아픈 게 아니라 마음이 아픈 거란다.
그런 경우에는 약보다는 좋은 음식을 처방해서 병을 낫게 해야 한다.
에이, 그건 드라마잖아요. 히힛~.
헤헷
스승님, 농담이시죠?

이놈들이....
옛말에 '약식동원 (藥食同源)' 이라 했다!
약과 음식은 그 근원이 같다!

글쎄, 그건 옛날 얘기죠.
30년 전? 300년 전?
어떻게 음식과 약이 같습니까?
어허!

요리조리 과학스쿨

좋은 음식은 약과 같다!

음식과 약은 근원이 같다는 의미의 '약식동원(藥食同源)'이란 말이 있다. 먹는 것이 바르지 못하면 병이 생기고, 반대로 병이 생겨도 좋은 음식을 먹으면 건강해질 수 있다는 뜻이다. '의학의 아버지'로 불리는 히포크라테스 역시 '음식으로 고칠 수 없는 병은 약으로도 못 고친다'는 말을 남겼다.

그렇다면 건강을 지키려면 어떤 음식을 먹어야 할까? 무엇보다도 편식하는 습관을 버려야 한다. 예를 들면 아몬드에는 비타민 E, 고등어에는 오메가3, 귤에는 비타민C가 많이 들어 있다. 이처럼 각양각색의 음식들은 저마다 다른 영양소를 포함하고 있기 때문에 골고루 먹는 것이 몸에 가장 좋다.

뇌 기능 향상에 도움이 되는 영양소와 음식

- 연어(오메가3): 알츠하이머병 예방 및 치료
- 아몬드(비타민E): 기억력 향상
- 고구마(카로티노이드): 뇌질환 예방
- 소의 간(콜린과 레시틴): 집중력 향상
- 달걀(타이로신): 세로토닌과 도파민 합성
- 해바라기씨(비타민B): 인지력 향상

히포크라테스(그리스의 의학자)

냠
냠..

고소해.
우쭈쭈~!
내 새끼.
많이 먹고
힘내라!

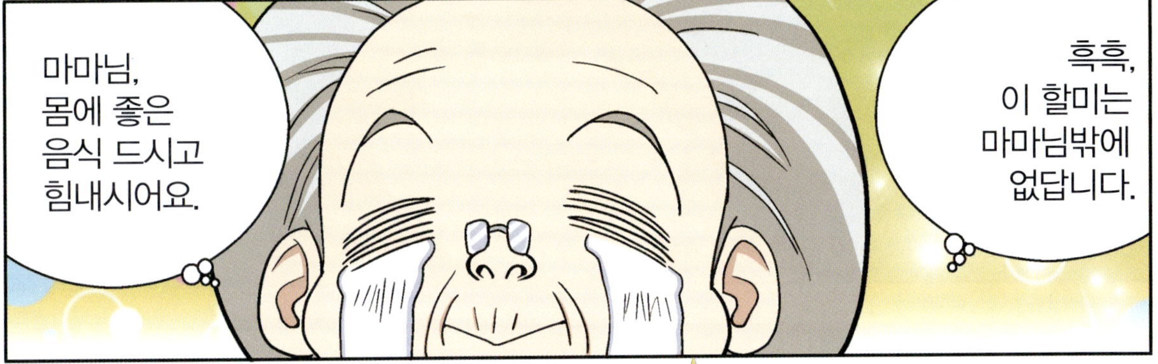

마마님,
몸에 좋은
음식 드시고
힘내시어요.
흑흑,
이 할미는
마마님밖에
없답니다.

WOMEN

딸
칵

어머,
누구세요?
이
히
히
히

네가 청이라는 생각시냐?
이히히히~!

거기 밖에
누구시옵니까?
사람이면 있고!
귀, 귀신이면
썩 물러가세요!

난 귀신이다~!
이히히히….
하지만 너 같은
꼬맹이 말은
안 들을 거다.
으악!

귀신
목소리로
바꿔 주는 앱
ghost voice

너만 에드워드에 가면 한울이와
교장 선생님은 다시 조선 시대로
무사히 돌아갈 수 있다.

그게 무슨
말씀이신지요?
멍청이.
다시 말하마.

에드워드가 원하는 건 너뿐이다….
그러니 2라운드는 기권하고 에드워드와 당장 결혼해라….

그 이유는 조선 의궤를 해독해야 하기 때문이다.
나도 악마의 소스를 받을….
예? 뭐라고요?

앗, 방금 말은 실수다!
시간이 없다! 에드워드 마음 바뀌기 전에!
….
빨리 말해라! 결혼할래? 안 할래?

천지신명님, 저 귀신의 말이 참인가요, 아닌가요?
전 하나도 모르겠사옵니다.

얘 말 듣지 마라. ㅎㅎㅎ흑….
짠

너 누구야? 저리 안 가?
에드워드가 방해하라고 보낸 거지?

내가 누구냐고? 맹꽁이 산에서 날 못 봤구나….
서, 설마!

진짜 귀신이다~!
쓰윽

진….

생각시님, 맹꽁이 산에서 한 번 뵀었죠?
네?
진짜가 나타났다….

그때 같이 밥을 지었지요.
아, 기억나요!

그때 분명히 말씀 드렸는데요!
어머니의 미각을 되돌릴 음식에 대해서….
….

음식은 마음입니다.
정성을 다한 음식은 사람의 마음을 움직일 수 있습니다.

우울해하는 친구에게 칼슘, 비타민, 오메가3가 가득한 미역국, 콩밥, 고등어를 차려 주세요.
그리고 "이 음식을 먹으면 기분이 나아질 거야."라고 따뜻하게 말해 보세요.

또 감기에 걸린
친구에게 귤을 직접
까 주며 '감기가 뚝
떨어지는 귤'이라고
주문을 걸어 보세요.

아마 그 음식은
여러분의 정성이
더해져 친구가 병을
이기는 데 큰 도움이
될 거예요.

맞사옵니다.
어머니는 늘
밥 위에 고기를
올려 주시면서….

많이 먹고
건강하게
자라라고
말씀하셨어요.

앙

어머니~♡

긴장하지 말고 엄마, 아빠를 위한 밥상을 차린다고 생각하세요.
음식 만드는 데 정성을 더하면 먹는 이들도 그 정성을 맛볼 수 있을 것입니다.

정성을 다하자…. 음식은 마음이다!

그럼 저는 이만….
앗, 잠깐만요! 기다려 주세요!

팟
철썩
철썩
왜 기절한 척 하세요? 귀신은 기절 안 하잖아요!
조금만 더 얘기해 주시어요!
아야 아야! 난 귀신 아니라고!

제9화

건강한
먹거리의 비결

으아아아아~!
귀신이다~!

탁
탁탁

후훗

후훗.
얼굴을 보니

우리의 마지막
제안을 거절한
모양이군.

가연이랑
왜 같이
나오는 거야?
둘이 안에서
무슨
꿍꿍이라도
벌인 거야?

멈칫

'도둑이 제 발 저린다'는 말이 있지요?
뭐, 도둑? 내가 뭘 훔쳤는데!
아! 한울이 마음을 내가 훔쳐서 그러니?
팟
호호호
하긴 내가 너보다 훨씬 예쁘니까!
그건 어쩔 수가 없어. 사람 마음이 쉽게 바뀌겠니?
'조선 왕조 의궤' 말입니다!
멀뚱 멀뚱
의궤를 훔쳐간 도둑놈과 한패니 도둑놈 아니면 뭡니까?
進封 皇貴妃儀軌
義王 英王 冊封儀軌
아~! 에드워드가 갖고 있는 책?
♪~
그게 나랑 무슨 상관이니?

한자로만 써 있어서 어려워.
그리고 지금 내 요리 공부에는
하나도 도움이 안 되거든!

네 이놈!
너는 이
나라의 백성이
아니더냐?
화 들 짝

아이,
깜짝이야!
너 오늘 말이
좀 심하다?
내가 너보다
언니거든?
예의를 차려
주겠니?

상관이 없다니요?
조선 왕조 의궤는
우리의 소중한
문화재입니다!
나도 그 정도는 알아.
지금 관심 없을
뿐이지.

문화재는 조상들이 남긴 유산으로, 삶의 지혜가 담겨 있고 우리가 살아온 역사를 보여 주는 귀중한 보물입니다.

이러한 이유로 오늘을 살아가는 우리는 문화유산을 늘 소중하게 보살펴야 합니다!
조상이 물려준 유산을 다음 세대에 온전히 물려주어야 할 의무가 있다고요!

아!

휴…. 그런 거였구나.
내 생각이 너무 짧았어….

…라고 말할 줄 알았니? 깔깔깔!
너도 참 순진하다!
깔
깔

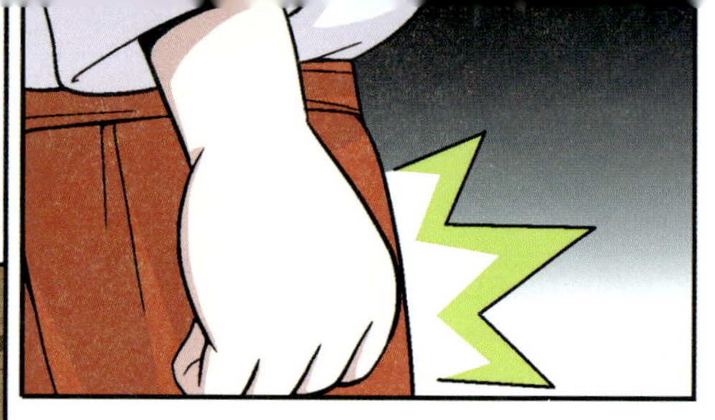

우이독경!
(牛耳讀經)
소 귀에 경 읽기군!

선수 대기실

이제 곧 2라운드가 시작됩니다. 선수들은 입장해 주세요.

가자, 청아!

잠깐 멈춰라!

너희를 위해
이 할미가 특별한
것을 준비했다!

?

설마…!

역시
스승님이십니다!

엄청난 비법을
주실 거죠?

에헴!

청아, 예부터 집에
귀한 손님이 오시면 무엇을
준비했느냐?

그, 그것이?
워낙 많아서….

?

너희들이 커서
어른이 되면
결혼을 하겠지.
그럼 남자는
처가에 인사를
드리러 가는데….

이때 장모님이
가장 먼저
해 주시는 음식!

아!

씨암탉
이옵니다!
역시
청이가
정답!
할머니,
이건 우리 집
마당에 있던
꼬꼬잖아요.
비법이
겨우 이거?
너무해!
덜
컹
한국 팀 뭐하세요?
곧 시작하니까
어서 나오세요!
엥?
푸
드
드
드
매트릭X?

으아악!
웬 닭이야?
아야, 아파!
쪼지 마!
꼬
꼬
꼬
꼬
꼬
꼬
꼬꼬
꼬꼬
다 다 다
청아,
얼른
닭 잡아라!
꽈
요놈!
잡았다!
꼬끼오~!
꼬꼬 꼬꼬!
악

여러분께 양해 부탁 드립니다. 잠시 문제가 생겨서 2라운드는 10분 뒤에 진행하겠습니다.
우
우
우
우
우
여기 물 좀 마시게.
버럭
할머니, 저 닭은 반입 금지 입니다! 당장 치우세요.
아니, 왜? 집에서 가져온
간장, 고추장, 된장은 되잖아!

그건 양념이고요!
경기장에서 준비한 닭고기만 사용하셔야 합니다.
그따위 고기로는 안 돼!
우리 한식에는 반드시 씨암탉이 들어가야 한다고!
기막혀! 완전 막무가내시네요! 이곳 고기가 훨씬 맛있어요!

어르신이 잘 모르시는 것 같으니 설명해 드리죠. 씨암탉 고기는 절대 맛이 있을 수가 없습니다!
닭이 알을 많이 낳으려면 오래 키워야 하기 때문에 살이 퍽퍽해져요!

흥! 하나만 알고 둘은 모르네.
한울아, 설명하거라!
우리 집 꼬꼬들은 좁은 닭장 안에서 가둬 키우지 않습니다.

아침에 마당에 풀어 주면 자유롭게 생활하지요. 밤에만 고양이를 피해 가둬 놓고요.
그것 때문에 맛있다고?

'동물 복지 농장'이라고 들어보셨나요?
?

요리조리 과학스쿨

건강한 동물이 안전한 먹거리다!

구제역, 조류 독감, 콜레라 등 가축들의 건강을 위협하는 바이러스성 질병이 매해 반복되면서, 동물 복지 농장의 필요성이 더욱 커지고 있다. 동물 복지 농장은 가축의 생활 환경을 개선하고 더 건강한 먹거리를 생산하기 위해 도입된 제도다.

동물 복지 농장에서 가장 중요한 요인은 '넓은 공간'이다. 기존의 가축들은 움직이기도 힘든 좁은 공간에서 밥을 먹고, 배변을 하고, 잠도 잤다. 반면 동물 복지 농장은 동물들이 자유롭게 뛰어다닐 수 있을 만큼 넓은 공간이 갖춰져 있다.

닭은 흙 목욕으로 기생충을 털고, 직접 찾아 먹는 먹이로 면역력을 키운다. 소와 돼지들은 먹고 싶은 풀을 원하는 시간에 마음껏 먹고, 새끼들과 교감한다. 자유롭게 생활하니 스트레스도 적다. 스트레스가 줄어드니 질병이 생기지 않아 항생제나 약물치료를 할 필요가 없다.

농촌 진흥청에서 실시한 성분 비교 결과, 이렇게 쾌적한 환경에서 스트레스 없이 자란 가축은 일반 가축보다 품질이 훨씬 뛰어난 것으로 나타났다. 동물 복지 농장의 닭은 기존의 닭보다 지방 함량이 50%가 낮았고 달걀은 기존보다 비타민이 100%, 베타카로틴이 280% 더 많이 들어 있었다. 동물이 동물답게 살도록 하는 동물 복지는 안전한 먹거리를 찾는 사람들을 위한 복지인 셈이다.

《요리스타 청》 10권을 기대해 주세요 계속

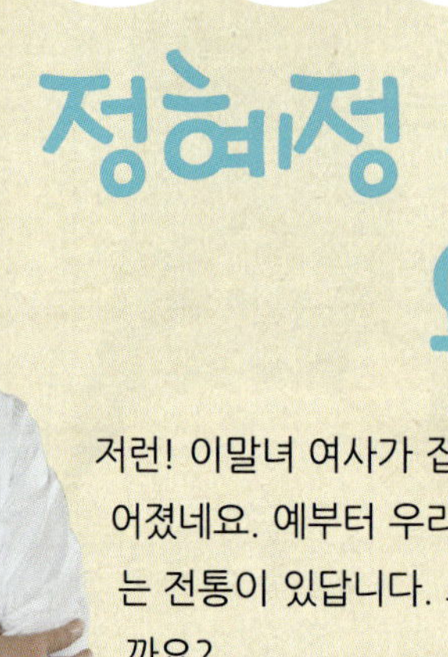 

정혜정 선생님의 요리 교실

저런! 이말녀 여사가 집에서 기르던 씨암탉을 경연장에 가지고 오는 바람에 소란이 벌어졌네요. 예부터 우리나라에서는 귀한 손님이 집에 오면 기르던 닭을 잡아서 대접하는 전통이 있답니다. 오늘은 우리나라 북쪽 지방의 전통 음식인 '닭온반'을 만들어 볼까요?

닭온반

재료 닭 반 마리, 대파 녹색 부분, 마늘 5개, 통후추 1T, 애호박 1/3개, 당근 1/3개, 느타리버섯 50g, 밥 2공기

닭 양념 소금, 후춧가루, 참기름

❶ 깨끗이 씻은 닭과 대파, 마늘, 통후추를 찬물 2L에 넣고 중불에서 끓인다. 끓을 때 나오는 거품은 걷어 낸다.

❷ 느타리버섯은 손으로 찢어 팬에 굽는다.

❸ 당근과 애호박은 채 썬 뒤, 기름을 두른 팬에 볶는다. 이후 키친타월 위에 올려 놓고 기름기를 제거한다.

❹ 닭가슴살은 잘게 찢어 소금, 후추, 참기름으로 양념한다.

❺ 육수는 고운체나 면보에 거른다.

❻ 밥 위에 버섯, 닭가슴살, 호박, 당근을 올리고 육수를 부으면 완성!

잠깐!

▶ 채소를 볶은 뒤 기름을 제거해야 밥과 함께 먹을 때 느끼하지 않아요.

겨울철 별미, 온반

겨울이 되면 우리나라 북쪽 지방에서는 '온반'을
즐겨 먹는다. 온반은 '따뜻하다'라는 뜻의 '온(溫)'
과 밥을 의미하는 '반(飯)'이 합쳐진 단어다. 이름
그대로 뜨거운 장국에 밥을 말고, 그 위에 고명을
얹은 음식이다. 지방에 따라 국물의 재료나 고명
의 종류가 달라지는데, 가장 유명한 평양 온반은
닭고기로 국물을 만든다.
온반은 먼 옛날 억울한 누명을 쓰고 감옥에 갇힌
남자를 위해 사랑하는 여자가 몰래 전해 준 국밥
에서 유래된 것으로 알려져 있다. 이후 신랑 신부
가 이들처럼 뜨거운 정 속에 살라는 의미로 결혼
식에서 즐겨 먹었다고 한다.

닭고기 냄새를 없애라!

고기를 조리할 때 가장 중요한 것은 특유의 비린
내를 없애는 것이다. 고기 비린내는 지방이 공기
와 만나 산성이 되는 '산패' 과정에서 발생한다.
따라서 닭고기를 손질할 때는 목, 항문, 꽁지의
껍질 뒤편에 있는 기름 덩어리를 우선 잘라 내야
한다. 이후 한 시간 정도 술이나 우유에 담가 둔
다. 술의 알코올 성분이 냄새를 내는 성분과 함께
증발되기 때문이다. 또 우유의 지방 성분은 다른
냄새를 빨아들이기 때문에 비린내 제거에 효과적
이다. 닭고기로 요리할 때 마늘과 후추를 함께 넣
기도 한다. 마늘과 후추의 강한 향이 고기의 비린
내를 덮어 버리기 때문이다.

정글에 떨어진 병만 족의 생존 법칙!

무조건 살아남아라!

❶ 나미비아와 파푸아 편

병만 족 최고의 생존 법칙, 무조건 살아남아라! 악어가 우글거리는 무인도, 해충의 습격, 낯선 원시 부족 등 원시 정글에서 스스로 생존해야 한다.

❷ 마다가스카르 편

목숨을 건 사막 횡단, 손톱만 한 카멜레온, 알록달록 위험한 희귀 동식물, 아찔한 암벽 타기 등 마다가스카르의 흥미진진한 정글 탐험이 펼쳐진다.

❸ 바누아투 편

남태평양의 화산섬, 바누아투! 용암을 토해 내는 야수르 화산, 박쥐 똥 가득한 검은 동굴, 시시각각 돌변하는 공포의 바다에서 살아남을 수 있을까?

❹ 시베리아 편

팬티 바람으로 강 건너기, 하얀 밤을 뜬눈으로 새우기, 공포의 얼음 폭풍 등 살벌한 생존 미션이 주어진다. 병만 족은 무사히 시베리아를 탈출할 수 있을까?

❺ 아마존 편

세계 최대의 열대 우림 아마존 정글! 작은 악마 콩가 개미, 막무가내로 덤비는 독충, 식인 물고기 피라니아까지, 지독한 공격이 이어지는 녹색 지옥 아마존에서 생존하라!

❻ 뉴질랜드 편

남태평양의 지상 낙원, 뉴질랜드! 마오리 족 생존 캠프, 쥐라기 숲 탈출, 반지의 제왕 로드까지. 신비로운 뉴질랜드의 자연에서 병만 족, 초심으로 돌아가라!

❼ 캐리비언 편

해적의 본거지 캐리비언과 수수께끼 마야 정글! 그레이트 블루홀로 점프, 전투 모기와의 사투, 상어와 사진 찍기 등 군기 바짝 극기 훈련이 펼쳐진다!

❽ 히말라야 편

지구의 지붕, 히말라야에서 펼쳐지는 병만 족의 목숨을 건 생존 게임! 외뿔코뿔소, 야생 호랑이 등 맹수가 득실거리는 네팔 정글에서 병만 족은 어떤 생존 지혜를 발휘하게 될까?

SBS김병만의정글의법칙제작팀 원작 | 유대영 구성 | 이정태 그림 | 250쪽 내외